城市生态建设环境绩效评估导则
技术指南

北京市建筑高能效与城市生态工程技术研究中心　组织编写

汪光焘　焦　舰　包延慧　蔡云楠　主　编

U0195070

中国建筑工业出版社

图书在版编目(CIP)数据

城市生态建设环境绩效评估导则技术指南/汪光焘等主编. —北京：中国建筑工业出版社，2016.5

ISBN 978-7-112-19354-7

Ⅰ. ①城… Ⅱ. ①汪… Ⅲ. ①城市环境-生态环境-评估-指南 Ⅳ. ①X21-62

中国版本图书馆 CIP 数据核字(2016)第 081905 号

中华人民共和国住房和城乡建设部印发了《城市生态建设环境绩效评估导则（试行）》（建办规［2015］56号）文件至全国各省、自治区、直辖市的建设主管部门。为了配合各地更好地理解文件的内容，北京市建筑高能效与城市生态工程技术研究中心组织了一批相关领域的专家、学者编写了本书。本书主要包括 9 章内容，分别为：城市环境治理与评估发展综述，构建城市生态建设环境绩效评估体系，环境绩效评估指标——土地利用，环境绩效评估指标——水资源保护，环境绩效评估指标——局地气象与大气质量，环境绩效评估指标——生物多样性，环境绩效评估数据库框架，环境绩效评估案例（一）：北京雁栖湖生态发展示范区，环境绩效评估案例（二）：广州市海珠区海珠生态城。

本书非常适合城市规划、城乡建设、城市生态建设等相关专业的读者阅读使用。

责任编辑：张伯熙
书籍设计：韩蒙恩
责任校对：陈晶晶 张 颖

城市生态建设环境绩效评估导则技术指南

北京市建筑高能效与城市生态工程技术研究中心 组织编写
汪光焘 焦 舰 包延慧 蔡云楠 主 编
*
中国建筑工业出版社出版、发行(北京西郊百万庄)
各地新华书店、建筑书店经销
北京红光制版公司制版
北京顺诚彩色印刷有限公司印刷
*
开本：787×1092毫米 1/16 印张：15 字数：302 千字
2016 年 5 月第一版 2016 年 5 月第一次印刷
定价：**62.00** 元
ISBN 978-7-112-19354-7
(28583)

《城市生态建设环境绩效评估导则技术指南》

编 委 会

主　　编： 汪光焘　焦　舰　包延慧　蔡云楠

副 主 编： 彭小雷　王　立　张志果　房小怡　郭　佳　刘琛义

编写人员： 蒋艳灵　薛　瑞　边　际　程　宸　任斌斌　张宏伟

朱志军　梁　涛　李志琴　杜吴鹏　李延明　胡慧建

韦　娅　马士荃　杨　倩　潘新园　黄　俊　覃光旭

杨皓洁　刘勇洪　马京津　李　昂　谢品华　党　冰

邢　佩　程鹏飞　王庆乐　龙子杰　陈霭雯　呼和涛力

陈鸿俊　王　超　杨锡涛　彭勇刚　肖晓俊　张　弼

赵　天　宋思媛

北京市建筑高能效与城市生态工程技术研究中心
（Beijing Engineering Research Center of Building Energy Efficiency and Urban Ecology）

"北京市建筑高能效与城市生态工程技术研究中心"于 2014 年 6 月经北京市科学技术委员会批准成立。中心依托北京市建筑设计研究院有限公司（简称 BIAD），共建单位为：国际欧亚科学院中国科学中心、中国城市规划设计研究院、中国电子工程设计院和中国气象局公共气象服务中心。

中心的研究涵盖建筑能源和城市生态领域，致力于：研究提高建筑能源使用效率的技术策略，探索可再生能源以及分布式能源在建筑中的综合利用；从系统角度出发，对城市生态规划、建设、管理进行统筹研究，探索城市生态修复与环境改善的创新，带动城市发展模式的转变。

中心整合城市规划、建筑、环境、气象预测、能源、微网等专业的优势资源，属于跨学科、跨领域、跨单位的综合性研究机构。中心在建筑节能、可再生能源利用、城市生态等方面均处于国内领先地位，主持和参与了多项国家和地方的相关规范、标准编制，完成了一系列重大研究课题和项目，是相关领域的权威性研究机构。

中心人力资源雄厚，技术委员会中有多位院士级专家，参与指导中心的研究方向。主要研发人员来自 5 家单位的技术骨干，普遍拥有高级以上职称。支撑中心日常工作的 BIAD 绿色建筑研究所，是 BIAD 组织机构中绿色生态领域的领军部门，拥有相关专业人才约 60 名。

前　言

　　为落实推进生态文明建设，重视环境保护和修复的基本国策，科学客观地评价城市生态建设的环境绩效，引导城市规划和建设工作更加注重实际环境效益，由北京市建筑高能效与城市生态工程技术研究中心（以下简称"中心"）牵头，自 2014 年始开展了《生态城市建设的环境绩效评估研究》课题的研究工作。

　　该课题由中心联合北京和广州的 20 余家涉及城市生态环境建设多个领域的单位共同完成，研究工作获得了北京市科学技术委员会、北京市规划委员会等主管部门，广州市相关主管部门及能源基金会等的支持。课题围绕城市建设影响的关键环境要素，提出了土地利用、水资源保护、局地气象与大气质量、生物多样性 4 个方向的 10 个评估方面和 29 个推荐性评估指标，并充分利用多种先进的数据信息采集手段，搭建用于持续评估的数据库，建立了可操作、可量化、可持续、聚焦环境实效的评估方法。课题还对北京雁栖湖生态发展示范区（生态涵养发展区）建设和广州市海珠生态城（大都市中心城区）建设对生态环境的影响情况开展评价，并提出了后续建设的建议。

　　该课题先后召开了 20 多次项目研讨会，参与讨论者包括学者、技术专家、地方政府负责人、科研管理部门负责人、规划和建设管理部门负责人等。其中，有十余位院士参与了课题的讨论。课题成果通过了两次由院士和专家组成的评审会，评审专家一致认为该课题所提出的评估方法科学合理，案例的评估工作具有示范性，建议编制技术标准进行推广，以推进我国城镇化过程中城市生态建设的良性发展。

　　开展城市生态建设环境绩效评估是规范生态城市规划建设模式，指导绿色生态区建设从而促进城市绿色发展的重要手段，是中国的城镇化发展到现阶段的客观需要。为促进推广和应用，中华人民共和国住房和城乡建设部已根据课题研究成果印发了《住房城乡建设部办公厅关于印发城市生态建设环境绩效评估导则（试行）的通知》（建办规〔2015〕56号）至全国各省、自治区、直辖市建设主管部门和规划主管部门，有力促进了环境绩效评估工作在全国城市生态建设中的推广。

为进一步指导城市生态建设环境绩效评估工作的开展，课题组编写《城市生态建设环境绩效评估导则技术指南》一书。通过解读环境绩效评估体系建立的思路，阐述评估指标的选取原则和内涵，提供评估指标相应的技术策略指引，并以实际试点项目为评估示例，为加快环境绩效评估在全国的推广提供系统有效的工具。

本指南的编写得到了北京雁栖湖生态发展示范区管理委员会和海珠生态城管理部门，以及项目所在地政府及相关职能部门的大力支持，得到了北京市建筑设计研究院有限公司、中国城市规划设计研究院、北京市气候中心、北京市园林科学研究院、中国电子工程设计院、中国科学院安徽光学精密机械研究所、广州市城市规划编制研究中心、广州市城市规划勘测设计研究院、华南濒危动物研究所、广州市环境保护科学研究院、广州市气候与农业气象中心、广东省气象局、中国科学院广州能源研究所等多家单位的协作，在此一并表示感谢！

由于环境绩效评估工作在我国城市生态建设工作中尚处起步阶段，评估方法难免有疏漏和不足之处，敬请广大读者和城市生态建设工作者批评指正。

目　　录

第 1 章
城市环境治理与评估发展综述

1.1　城市的环境问题与治理

近一个多世纪以来，随着工业化和城市化的推进，环境污染危机逐渐加重，成为全球各国一个重大的社会问题。各国政府和社会纷纷成立环境保护机构，制定环保法律法规，采取各种措施来治理环境污染。尤其 20 世纪 60 年代中期以来，国际社会从公众到政府，普遍掀起深刻的反思，反省环境问题的思想和社会根源。在行动层面，保护环境与经济发展被提到同样的高度，大量的资源投入到水体、绿化等环境要素的整治和恢复中。就在这一时期，可持续发展的理念思想被提出，到 90 年代，通过世界环境与发展大会等多层次的联合国会议，该理念逐渐成为关于人类发展方向的共识。人口的增长，对自然资源和生态环境的利用，对子孙后代的责任，成为各国严重关切的议题。在城市可持续发展方面，主要内容包括城市的资源、生态环境、交通及人文环境的可持续发展。

我国的城市环境建设实践自 20 世纪 70 年代以来，经历了从整治污染，到优化生态系统，再到全面建设生态城市的不同发展阶段，内涵不断丰富。20 世纪 70～80 年代，我国以整治"脏乱差"和防治污染工作为主，开展了污染综合防治工作。工作内容包括控制大气污染，工业废水、废气、固体废弃物的综合利用和净化处理，以及对重点污染源进行治理。这一时期有代表性的工作是爱卫会主持的"卫生城市"。1990 年前后，建设部会同环保局、爱卫会，在国家卫生城市创建的基础上，开展城市环境综合整治定量考核，内容涉及水、气、道路、绿化等，把工业污染防治与城市基础设施的建设有机结合起来。自 90 年代起，更多的部门开始共同发力，推动环境治理和建设的工作。以优化自然生态系统，改善人工生态环境，促进相互融合为目标，国务院有关部门先后开展了园林城市、环境保护模范城市、生态示范区、生态县（市、省）等的评比示范工作。到 21 世纪，随着城市化进程进入攻坚阶段，生态城市建设遇到了更加艰巨的问题，并与经济发展模式转型紧密联系，低碳经济、循环经济、清洁生产、节能减排等新兴理念不应是发展的制约，必须成为动力。在这样的背景下，城市发展模式也到了亟须转变的历史时期，环境保护和修复也不应是被动的应对，而是主动调整的出发点，并始终是城市建设工作的目标指向。

1.2　城市生态建设的环境指标

通过指标体系引导规划的编制实施，进行成果的量化评估，是我国推动城市生态建设的主要方法。不同主体参与编制了各种类型的指标体系。通过调研国家部委、地方政府、研究机构、国际组织制定的数十种指标体系，研究其在环境方面的指标内容（表 1-2-1），可以看出：总体来说，中央有关部委制定的指标体系结合自身管理需求，主要用于指引发展和考核评价；地方政府制定的指标体系大多以本地的具体工作为导向，适应于当地建设管理的需求，带有区域特点；研究机构编制的指标体系学术性较强，目标指向范围广，系统性强，理论基础扎实；国际组织编制的指标体系以可持续为核心，内容涉及面最宽。

调研的生态城市指标体系   表 1-2-1

来源	名　　　称		发布年份	研究年份	内容分级		
					指标类型	指标层	指标数
国外组织	经济合作与发展组织（OECD）可持续发展指标体系核心环境指标		1991	2001	3		现有指标和中期指标
	联合国可持续发展委员会（UNCSD）可持续发展指标体系核心指标		1996	2007	14	41	分为核心指标及其他指标
	世界保护同盟（IUCN）"可持续性晴雨表"评估指标体系		1995	1995	2	10	87
	联合国统计局（UNSD）环境指标体系		1995	2013	6	23	61
国家部委	环境保护部生态市建设标准		2003	2007	3		19
	住建部生态城试点考核指标		2012	2012	6		20
	住建部国家生态园林城市分级考核标准	基础指标	2012	2012	8		64
		得分指标			5		26
科研机构	中国社会科学院低碳城市评价指标体系 LCCC	主要指标体系	2012	2012	5		15
		支撑指标体系			4		52
	中国科学院中国低碳城市发展战略目标		2009	2009	3	10	26
	中国城市规划学会新区控制性详细规划低碳指标体系		2012	2012	4		21
	中国城市科学研究会中国低碳生态城市评价指标体系		2009	2012	4		30
	重庆大学（颜文涛等）低碳生态城规划指标		2011	2011	5		79
生态城实践	中新天津生态城指标体系	控制性指标	2008	2008	3	8	22
		引导性指标			1	4	4
	曹妃甸唐山湾生态城指标体系		2009	2009	7	36	141

从方便政府管理出发，现有的指标体系主要衍生于各部委的规划管理指标，将生态发展目标要求纳入法定规划中，落实到用地布局、交通模式、产业发展和设施建设的各个方面。这些指标具有建设要求的特征，是从投入视角对建设执行情况进行评价。

在指标体系构建上，主要分为两类：一类是主要从城市的经济、社会和自然系统三方面建立的指标体系，另一类是从城市生态系统的结构、功能及协调度等方面建立的指标体系。大部分指标体系都是将评价内容平行分为几个不同的主题系统，力求从实际出发构建完整合理的评价内容系统。

可以说不同的指标体系代表着对于城市生态目标和内容的不同理解，在指导城市生态建设中发挥了重要的作用，但在实际操作中也显现出一些问题：

（1）指标数目过多，体系繁杂。有些指标体系的指标数超过 100 个，有些指标体系中夹杂了与生态环境目标无直接关联的经济社会文化指标，如第三产业占 GDP 比重、城乡收入比等。

（2）发展目标类、建设管理类和考核评价类指标相互混杂。许多学者在一定范围内，结合城市发展特点，从多个层面建立合理的、多目标、多因素的城市生态环境的评价指标体系，并运用一定的模型对城市生态环境质量进行评价，但各个层面中的部分评价指标界限不分明，独立性不强，存在相互交叉现象。如公交站点覆盖率是管控指标，公交出行率是评价指标，出现在同一套指标体系中容易引起混乱。

（3）部分指标有主观性，难以量化实施。如空间结构生态化、空间宜人化等，主观性较强，难以定量衡量、比较和评价。

1.3　城市生态建设的环境绩效评估

近年来，国际上不同的组织和机构都在尝试以不同的方式推动环境绩效评估，主要分为以下几种：

（1）以审计的方式对于环境保护和修复的情况进行监督和评价。环境审计由 20 世纪 70 年代的西方企业内部审计，很快发展到政府资源环境审计。80 年代，一些西方发达国家开始开展不同形式的国家资源环境审计。1992 年世界审计组织（INTOSAI）成立了环境审计委员会（WGEA），标志着资源环境问题正式进入大多数国家最高审计机关的业务范畴。环境审计包括财务审计、合规审计和绩效审计三部分。其中，绩效审计被定义为企业或政府（部门）基于环境方针、目标和指标，控制其环境因素所取得的可测量的环境成效。

（2）国际标准化组织发布的环境绩效评估标准，用来测度环境管理系统的执行成效。国际标准化组织于 1999 年发布环境绩效评估标准（ISO 14031），最新版为

2013 年发布。该标准提供的"环境绩效指标库",分为环境状态指标、管理绩效指标和作业绩效指标 3 大类。其中,环境状态指标中包括空气、水、生物多样性、能源等要素。新版标准建议在审核周期中,可根据具体情况对指标、度量标准等内容进行必要的修改。

(3) 经合组织(OECD)率先开展了国家层面的环境绩效评估,以分析各成员国环境政策的效果。经合组织于 1991~2000 年对 31 个成员国进行了第一轮环境绩效评估工作,第二轮评估正在开展。2007 年发布的报告评估了中国 1995 年以来的环境保护工作。该评估侧重受评国环境领域的宏观政策和国际合作。由于评估对象的宏观性,评价指标中有大量定性和描述性指标。大湄公河次区域各国在亚洲开发银行(ADB)支持下,借鉴 OECD 的思路,于 2003 年启动了环境绩效评估(GMA EPA),我国云南和广西属于评估区域。

(4) 美国的几家研究机构联合向全球发布的环境绩效指数(EPI),以完善常规可持续发展指标系统中环境方面的指标。2006 年起,美国耶鲁大学和哥伦比亚大学等研究机构编制了环境绩效指数(EPI),并在达沃斯年会上发布了世界各国和地区的排名。2016 年的指标体系中包括 9 个领域 18 项量化指标。EPI 构建的主要目标是减少环境对人类健康的负面影响,提升生态系统活力,推动对自然资源的良好管理。EPI 采取的是根据现状值与绩效目标之间的差距进行打分的评估方法。在绩效目标的设定上,EPI 采用统一的政策目标,而 OECD 的报告强调了受评国环境特点的差异性。

众多国际机构有针对性的建立环境绩效评估体系,在几十年的实践中证实能够有效推动区域环境的持续改善。国际的经验启示我国结合自身发展,探索环境绩效的评估方法,必然会对我国生态城市建设起到积极的推动和引导作用。

20 世纪 80 年代,我国审计署、财政部、环保局等单位开展了对于环境保护资金的审计,对环境绩效工作进行探索。1998 年,国家审计署成立农业与资源环保审计司,首次明确了环境审计职能。对应 ISO 14031,我国编制了《环境管理、环境表现评价指南》(GB/T 24031—2001)。2008 年和 2009 年,全国人大环资委先后两次组织赴加拿大调研绩效评估的方法,交流环境审计的经验。

国内的学术研究从借鉴国际经验入手,探讨建立适应我国实际情况的绩效评估指标。环境保护部环境规划院的科研团队基于"压力—状态—响应"概念框架模型,借鉴亚行和 OECD 的经验,从环境与健康、生态保护、资源与能源可持续利用、环境治理 4 个方面建立我国省级环境绩评估指标体系。中国科学院可持续发展战略研究组于 2006 年提出了资源环境综合绩效指数(REPI),其数值含义是一个地区 n 种资源消耗或污染物排放绩效与全国相应资源消耗或污染物排放绩效比值的加权平均。该指标计算方便,而且资源和污染物可因具体情况选择,便于城市间、区域间的比较。

国内外不同的环境绩效评估方法，针对的对象、尺度、内容不尽相同，方法的建立各有特点，也有共同点，表 1-3-1 对主要的几个评估方法进行了对比总结。

调研的环境绩效评估方法 表 1-3-1

名　　称	年份	指标类型	指标层	指标数	土地	水	大气	生物	其　他
大湄公河次区域环境绩效评估	2003	9 个目标	9	—	√	√	√	√	
中国环境绩效评估指标体系	2006	4 个方面	9	22	×	√	√	√	固体废物、能源
玉清湖水库环境绩效评估	2008	2 个方面	3	20	×	√	×	√	排污量、投诉次数、人均 GDP
全球环境绩效指数（EPI）	2016	2 个方面	9	18	×	√	√	√	人居环境
资源环境综合绩效指数（REPI）	2006	1 个方面	14	24	√	√	√	√	资源消费量、能源消耗量

目前国内外已经开展的环境绩效评估案例并不多，通过对已经掌握的情况调研，环境绩效评估因为直接针对环境的表现，易量化，易比较，对实践有较大指导价值。过往的实践，大多鼓励采用定量数据进行指标考核，一方面提高指标的客观性，减少因主观因素造成的偏差，另一方面方便进行横向和纵向对比。不但使得同一研究对象不同时期环境绩效的可比性大大提高，也为不同区域间的对比提供基础数据，尤其同类型区域的分析和比较，可以为相互的学习提供帮助。

1.4　总结

《中共中央国务院关于加快推进生态文明建设的意见》（中发〔2015〕12 号）中明确提出了大力推进绿色城镇化，推进绿色生态城区建设的要求。开展城市生态建设的环境绩效评估，正是规范生态城市规划建设模式，加快绿色生态城区建设，促进绿色城市发展的重要手段，也是积极稳妥推进绿色城镇化的客观需要。

对城市生态建设提出环境绩效评估，可引导城市生态建设进入实施阶段时更加注重投入所产生的环境效果，是城市生态建设进入实施阶段的应有特征。生态目标的实现，需要资金、人力等投入的相应增加。增加的投入是否取得相应的环境效果，形成合理的产出，是投入方和公众关注的焦点，也是评价城市生态建设成功与否的基本出发点之一。建立合理的、便于操作、易于被公众认知的城市环境绩效评估体系对于指导我国的城市生态建设起着关键性的作用。

环境绩效评估是国外推进生态环境改善的重要经验。国内外的城市生态建设实践中不乏缺少绩效考虑，盲目铺摊子，最终导致未能取得实效的案例。一些城市的生态建设前期投入巨大，但是没有考虑到绩效结果，造成相关方面负担过重，城市建设入不敷出，影响了生态环境目标的实现。

环境绩效评估是协调政府、科研机构与公众环境认知的有力措施。有时政府和科研机构发布的环境指标达标情况与公众的环境感知存在差别，如排放的废水检测达标，公众却观察到水流脏黑，由此引发质疑。实际上，监测指标及标准是依据当前的技术能力和经济状况确定的，对应当期的排放，是增量概念；而公众直接感知水、大气、土壤的具体状态，是总量概念。环境绩效评估的内容则对应历史累积和环境总量，与公众感知一致，有利于各相关方对环境认知达成一致。

可以看出，立足于城市生态建设，探索城市（城市局部）层面建设的环境效果，对指导我国当前的城市生态建设具有创新意义，对我国进一步推进城市发展模式转型，十分必要。

第 2 章
构建城市生态建设环境绩效评估体系

2.1　评估目标与原则

城市生态建设环境绩效评估的目的是持续客观地评估城市生态建设对其环境状况的实际影响和效果，力求协调污染物总量控制、监测指标变化和环境直观效果的关系。

通过对城市生态建设开展环境绩效评估，将城市建设工作对环境的影响，转化为易于识别的环境状况指标、数字、图形或图像，便于直接了解其对环境影响的特征、程度和对环境保护的成效，从而引导城市规划建设工作更加注重实际环境效益情况，并可用于对绿色生态城区开展环境绩效的考核评估工作。

对于城市生态建设的环境绩效评估工作，应强调以下评估原则：

（1）注重环境监测的实际效果，建立数据库开展纵向和横向比较。包括在时间上的纵向比较和在一定条件下城市（区）间的横向比较。

（2）注重评估指标的因地制宜，不推荐套用统一的评估指标。因地制宜地选择有综合性质、包含信息多的环境评估指标，用尽可能少的指标，有针对性地反映对全局具有关键影响的环境状态。

（3）注重环境状况的综合评估。选择一项或数项体现地域代表性特色的指标开展评价。

（4）注重环境评价结果与公众感知保持一致。协调政府、科研机构与公众环境认知，选择居民能够直接感受到的环境效果作为度量城市生态的标准。

2.2　评估适用阶段

环境绩效评估应立足于城市生态建设的全生命周期，在城市规划审批工作之后，对建设的全过程开展评估和比较，包括建设前、建设中和建设后的各阶段（图2-2-1）。

建设前：对城市生态建设开始前的状态进行评估，为建设成效提供一个可供比较的基准，并通过对规划开展预评估，预测建设将对环境产生的影响，并给出环境优化的措施建议。

建设中：对城市生态建设过程中的状态进行评估，直接反映建设过程中的实际成效，通过与建设前评估的比较，直观获知各项指标的优化或衰退趋势，根据环境保护的目标要求，对建设提出改善的措施建议。

建设后：对城市生态建设完成后的状态进行评估，与环境保护目标进行对比，直观反映目标实现程度，并对未实现的环境目标给出改善措施的建议。

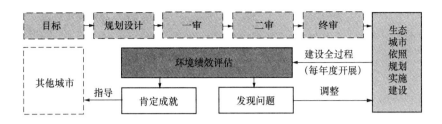

图 2-2-1　环境绩效评估适用阶段示意图

2.3　评估工作程序

环境绩效评估一般分为 4 个阶段，即评估指标确定、环境数据采集、评估结果分析、评估能力改进（图 2-3-1）。

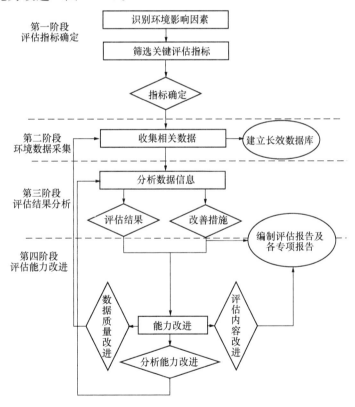

图 2-3-1　环境绩效评估具体流程示意图

2.3.1　第一阶段：评估指标确定

1. 识别环境影响因素

对于城市生态建设的环境绩效评估来说，评估对象不仅存在规模和尺度上的差异，而且在规划建设类型上也具有不同的特点，如以旧城改造为基础的生态城区，以新城建设带动的生态城区，以及限建区中的生态城区等。

不同类型的城市（区）具有不同的环境本底条件和环境保护要求，识别环境影响因素首先应根据具体建设区域的发展规划、环境保护规划等，明确环境保护目标，并在调查和分析环境现状的基础上，识别规划建设对各环境要素带来的主要影响性质、范围和程度。

2. 筛选关键评估指标

在整个评估过程中，筛选评价指标是环境绩效评估的基础和关键，指标的选择关系着后续绩效评估的开展和成效，并直接决定了绩效评估结果的有效性。根据具体建设项目环境问题的特点在具体指标选择上应有所侧重。评估指标并非呆板地用于评估，指标运用必须与背景信息、准确的数据与深入的分析相结合，不管是定性或定量的数据或信息都应简单明了，并能反映出环境影响的特征与范围。

评估指标的选取应遵循以下原则：

（1）因地制宜原则：应根据城市环境影响关键因素和设定的环境目标为导向，选择体现该城市环境特点的评估指标。

（2）实效性原则：以环境实际状况为评估重点，静态指标和动态指标相结合，静态指标反映环境状态，动态指标反映环境变化趋势。

（3）综合性原则：以较少的指标数量和简要的层次结构全面反映评估对象的内容。优先采用综合性指标评估，统筹兼顾指标之间的相互关系。

（4）可比性原则：评估指标应具有纵向、横向比较的可比性。

（5）科学性原则：评估指标必须概念清晰、明确，且有测算方法标准。

（6）实用性原则：即可行性和可操作性。应尽可能采用相对成熟和公认的指标，评价指标所需的数据信息来源渠道可靠，易于采集。

2.3.2 第二阶段： 环境数据采集

1. 收集相关数据

项目数据包括建设项目的工程基本信息、环境状况数据，以及相关技术指标、规范及标准。工程基本信息包括工程概况、总体规划、控制性详细规划、相关建设专项规划、环境保护规划、开发现状等工程基本信息；环境状况数据包括土地、水、大气、生物等环境状况数据；相关技术指标、规范及标准包括环境指标应达到的目标所涉及的技术规范和标准等。

要利用多种数据采集手段，获取科学、准确的数据结果。各评价指标的数据主要来自现有统计数据、文献资料、遥感影像数据和实地监测、测量及调查。数据应由相关专业人员采集，并由相关专家审定。

2. 建立长效数据库

针对城市生态建设环境绩效评估的复杂性和综合性，所需的数据部分具有通用性，可用于不同的环境评估内容，且大部分数据需要定期持续地采集和更新。因此，建立一个实用有效的数据库，明确需采集数据的类别、内容、采集方式和周期等，可有效指导环境绩效评估的持续开展。

2.3.3　第三阶段：　评估结果分析

1. 分析数据信息

在环境绩效评估中通常会用到的数据分析和转化方法，包括：计算、统计、图形、指数、合并、加权、层次分析、模糊综合评价等。也可采用综合评估方法，如目标渐近法、熵权赋值法、加权综合计算法、雷达图法等。不同评估内容可在研究国内外现有相关分析方法的基础上，结合实际项目，确定相应的数据分析方式。

2. 评估结果分析

以环境保护目标为导向，确定指标的评判基准，用于衡量绩效评估结果与环境目标要求之间的关系，分析城市生态建设对环境的正影响效应或负影响效应。

3. 改善措施建议

分析环境现状与建设环境目标之间的关系，根据环境绩效发展趋势和环境影响因素的发展特征，提出环境状况改进的可能性。针对当前的环境现状，提出应采取的改进措施，包括建设措施和管理措施，为建设者和管理者改进城市生态建设的环境保护工作提供支撑。

2.3.4　第四阶段：　评估能力改进

1. 数据质量改进

对数据质量进行自检，通过提高数据准确性、优化数据采集方法等方式，改进数据的可靠性和可得性。

2. 分析能力改进

优化数据分析方法，不断改进评估指标现有数据的分析技术与方法，提高评估的可信性和有效性。

3. 评估内容改进

对评估内容的科学性和效率进行自检，修正评估不足之处。不断扩充完善评估数据和指标，削弱或者去掉重复和难以比较的评估内容，修正评估中的错误。

2.4 评估指标体系

2.4.1 主要评估内容

从前期调研的情况看，已有的环境评估涉及内容主要包括土地、水资源、大气、生物多样性和林、农、渔业等自然资源。通过提炼影响城市环境基本状态的关键因素，提出土地利用、水资源保护、居地气象与大气质量、生物多样性 4 个方面作为主要的评估内容（图 2-4-1）。

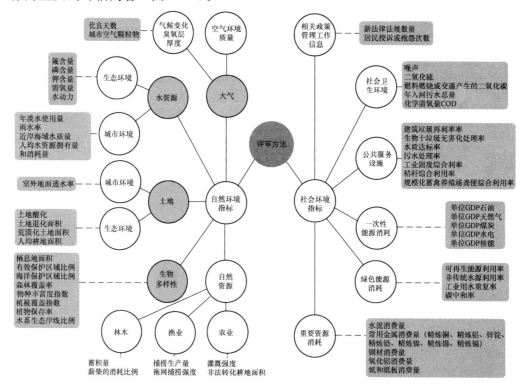

图 2-4-1　城市环境评估要点框架

1. 土地利用

土地利用是影响生态环境质量的重要原因，建设用地的增加无疑会占用生态用地如水域、林地、耕地等，必然会对生态环境造成一定影响，应控制建设用地的总量。建设用地的增加也无疑会对下垫面和地貌粗糙度等造成影响，从而改变区域在气候、水文、气体等多方面的生态调节能力。同时，生态用地本身的质量和状态也对环境造成影响，在保证一定面积和规模的生态用地前提下，要关注改善和提升生态用地的质量。另外，被污染的土地也会制约城市土地的可持续开发利用。由于土地污染物的迁移累积效应，污染物很有可能进入地下水或挥发到空气中，进而影响附近甚至整个区域的水环境质量和空气环境质量，破坏城市的生态环境。因此，修复治理城市区域中的污染场地对城市的生态建设也至关重要。

2. 水资源保护

随着经济社会的日益发展，水资源污染问题日益严峻，水资源的治理对于环境保护有很大的重要性，水资源是最易受人类活动影响和破坏的领域，它同其他环境要素如土地环境、生物环境、大气环境等构成了一个有机的综合体。当改变或破坏某一区域的水环境状况时，必然引起其他环境要素的变化。

3. 局地气象与大气质量

大气污染、热岛效应等在内的一系列城市气象和大气环境问题日益突出，如何科学合理地开展城市规划建设，使得对局地气象和大气环境造成的负面影响最小，已成为各类城市特别是城市生态规划建设时的关注点。

4. 生物多样性

生物多样性是生态系统具有活力的重要内容。丰富的生物构成了城市赖以生存发展的生态环境基础，为城市的生存与发展提供了大量的生物资源，对保证城市生态系统功能的持续性具有重要的价值。同时，由于自然生物对环境状况各有敏感程度，丰富的生物多样性能够反映该区域的总体环境状况。因此，生物多样性既是城市生态建设的环境目标之一，也是城市生态建设环境绩效评估的核心之一。

2.4.2　评估指标的选择

在评估指标的选定上，《生态城市建设的环境绩效评估研究》课题的研究团队在前期研究过程中选择了 2 个不同类型的试点项目分别开展评估。一个是作为生态涵养发展区的北京雁栖湖生态发展示范区，另一个是作为大都市中心城区的广州市海珠区海珠生态城。

研究团队根据 2 个试点项目的自身特点分别从 4 个关键评估方向，开展评估指标的选择和评估，具体评估内容见第 8 章和第 9 章。汇总 2 个试点选取的评估指标见表 2-4-1。

2 个试点评估指标比较列表　　　　　　　　　　　　　　表 2-4-1

环境影响方向及方面			北京雁栖湖生态发展示范区	广州市海珠区海珠生态城
L 土地利用	1	限制发展区域保护	L1：综合径流系数 L2：生态服务总价值（GEP） L3：地均污染物净输出量	L1：污染性工业用地状况 L2：城市生态系统服务功能价值 GEP L3：TOD 集约开发度 L4：公园绿地可达性
	2	土地生态修复	L4：土地治理综合环境绩效指数	L5："城市矿山"开发利用率

续表

环境影响方向及方面			北京雁栖湖生态发展示范区	广州市海珠区海珠生态城
W 水资源保护	3	水质变化	W1：《地表水环境质量标准》24 项指标 W2：《地下水环境质量标准》39 项指标 W3：《生活饮用水卫生标准》106 项指标 W4：其他特征污染物指标	W1：水质平均污染指数（6 项指标） W2：综合营养状态指数 W3：COD 和氨氮排放量
	4	污水处理		W5：生活污水集中处理率 W6：工业废水处理率
A 局地气象和大气质量	5	风环境、热环境与污染传播	A1：通风潜力指数（VPI） A2：热岛比例指数（UHPI）	A1：年平均风速、风向 A2：平均气温月变化、年变化 A3：城市热岛效应 A4：城市热岛 UHI 指数
	6	污染物（PM2.5 重点）和特定毒性物质浓度和成分	A3：大气污染物排放量	A5：空气质量达标天数 A6：PM2.5 平均浓度及其空间分布
	7	能源利用与节能减排	A4：能源综合评价指标	
B 生物多样性	8	整个区域的物种调查	B1：高等动物种数 B2：本地鸟类指数 B3：高等植物种数 B4：本地植物指数	B1：物种丰富度 B2：外来物种入侵度 B3：物种相对密度 B4：Shannon-wiener 指数 B5：物种特有性 B6：物种珍稀度 B7：物种受威胁程度 B8：食物链完整性 B9：物种普遍性
	9	关键指示物种的变化		B10：白鹭分布与密度 B11：沼水蛙分布与密度 B12：金边窗萤分布与数量
	10	生境的变化	B5：公路密度 B6：代表物种生境变化率 B7：森林或草原覆盖率 B8：天然林覆盖率 B9：湿地面积比重 B10：典型湿地面积比重 B12：保护区域面积比率	B13：生境破碎化 B14：生物多样性保护波动值 B15：生境保护绩效波动值

　　基于 2 个试点项目的评估指标，研究团队进行筛选、提炼和整合后，最终针对土地利用、水资源保护、局地气象与大气质量、生物多样性 4 个主要环境影响评估方向，确定了 10 个主要评估方面，并细分给出了 29 个推荐性评估指标（表 2-4-2）。

　　使用者可根据具体建设项目情况，基于环境影响特征、环境保护目标、可获取的数据情况等，从主要环境影响评估方向和评估方面出发，选择适当的环境绩效评估指标，或是在此基础上提出新的因地制宜的指标开展评估工作。

城市生态建设环境绩效评估指标表 　　　　　表 2-4-2

主要环境影响评估方向		主要评估方面	推荐性评估指标
L 土地利用	1	限制发展区域保护	L1：综合径流系数 L2：生态系统服务功能总价值 L3：TOD 集约开发度 L4：公园绿地可达性 L5：地均污染物净输出量
	2	土地生态修复	L6：土地综合污染指数 L7：污染物场地地下水监测达标率 L8：已修复治理土地比例 L9：污染性工业用地年变化率 L10：城市生活垃圾回收利用率
W 水资源保护	3	水质变化	W1：水质平均污染指数 W2：水质特征污染物指示 W3：水质基本项目核查 W4：综合营养状态指数
	4	污水处理	W5：污水集中处理率 W6：工业废水处理率
A 局地气象和大气质量	5	风环境与热环境	A1：通风潜力指数 A2：热岛比例指数 A3：生态冷源面积比
	6	污染物（PM2.5 重点）和特定毒性物质浓度	A4：空气质量达标天数
	7	能源利用与节能减排	A5：能源综合评价指标
B 生物多样性	8	整个区域的物种多样性	B1：维管束植物种数 B2：乡土植物指数 B3：鸟类物种数
	9	生境的变化	B4：生境破碎化指数 B5：代表物种生境变化率
	10	生态系统稳定性	B6：绿化覆盖率 B7：天然林面积比例 B8：典型湿地面积比例

值得注意的是，虽然本指南中给出的案例针对 4 个主要环境影响评估方向和 10 个主要评估方面都分别提出了指标开展评估，但在实际评估项目时，可根据项目具体情况，从 4 个主要环境影响评估方向上选择有针对性的几个综合性指标，不

应强求面面俱到。

2.5　指标评估方法

在明确评估指标之后，指标的评估应以环境保护目标为导向，确定评估指标的评判基准。对涉及国家或地方相关技术规范和质量标准及其达标情况的评价指标，原则上有标准规定的，应采用高标准规定；无国内标准的，可以采用国际通用标准规定。

建设区域内的环境状况会受到周边环境影响，建设项目本身对环境的影响范围也可能不局限在区域范围内。因此，各评估指标还应针对自身特点根据建设区域实际涉及的环境影响范围确定评估范围。例如，水环境状况的评估会涉及地表水和地下水上下流域情况的影响，局地气象与大气质量也涉及周边更广泛的区域等。

为了便于各评估指标量化汇总得到综合评分，环境绩效评估可先采用极值标准化法将各评估指标标准化，即将每项指标转换为 $0\sim100$ 之间的一个相对数值，100 表示环境绩效目标，0 表示观察到的最低数值。标准化公式如下：

$$d_{ij} = \frac{d_{现状值} - d_{基准值}}{d_{目标值} - d_{基准值}} \times 100 \qquad (2\text{-}5\text{-}1)$$

式中　　d_{ij}——第 i 个年份第 j 项评价指标的数值；

$d_{现状值}$——评估期监测的状态值；

$d_{基准值}$——评估基期的状态值；

$d_{目标值}$——城市生态规划建设中确定要达到的目标值。

备注：现状值若超出基准值和目标值构成的区间，当从基准值侧超过时，现状值取值为基准值，当从目标值侧超过时，现状值取值为目标值。当目标值与基准值相同时，则基准值设定为 0。

然后，对于各环境影响评估方向的多个评估指标，利用权重将不同评估指标的标准化评价结果综合评分，得到该评估方向的分值。最后，4 个评估方向的各分值乘以 0.25 平均权重系数或根据具体情况设定的不同权重系数，累加后为最终得分。

由于绿色生态城区各具特色，可将环境绩效评估对象按照城市新建区、旧城改建区、棕地更新区、生态限建区 4 种类别划分。各类型的绿色生态城区可根据各自开发特点和环境保护侧重选择相应评估指标，并设定相应权重系数（表 2-5-1）。

1. 城市新建区

指城市中各类新建的规划新区、经济技术开发区、高新技术产业开发区、生态工业示范园区等。

2. 旧城改建区

指在城市旧区中开展调整城市结构，优化城市用地布局，改善和更新基础设施，保护城市历史风貌等建设活动的区域。

3. 棕地更新区

指由于现实的或潜在的有害物和危险物的污染而影响到其扩展、振兴和重新利用的区域。

4. 生态限建区

指生态重点保护地区，根据生态、安全、资源环境等情况需要控制的地区。

各类型绿色生态城区的权重系数参考值　　　　　表 2-5-1

类别	土地利用		水资源保护		局地气象与大气质量		生物多样性	
	指标名称	权重	指标名称	权重	指标名称	权重	指标名称	权重
城市新建区	综合径流系数	0.3	水质平均污染指数	0.1	通风潜力指数	0.2	维管束植物物种数	0.2
	TOD集约开发度	0.2	水质特征污染物指示	0.2	热岛比例指数	0.2	乡土植物指数	0.3
	地均污染物净输出量	0.2	水质基本项目核查	0.5	生态冷源面积比	0.1	生境破碎化指数	0.2
	土地综合污染指数	0.1	综合营养状态指数	0.1	空气质量达标天数	0.3	绿化覆盖率	0.3
	污染物场地地下水监测达标率	0.1	污水集中处理率	0.05	能源综合评价指标	0.2		
	已修复治理土地比例	0.05	工业废水处理率	0.05				
	城市生活垃圾回收利用率	0.05						
旧城改建区	综合径流系数	0.1	水质平均污染指数	0.1	通风潜力指数	0.3	维管束植物物种数	0.2
	TOD集约开发度	0.2	水质特征污染物指示	0.2	热岛比例指数	0.3	乡土植物指数	0.2
	公园绿地可达性	0.2	水质基本项目核查	0.3	生态冷源面积比	0.1	生境破碎化指数	0.2
	土地综合污染指数	0.2	综合营养状态指数	0.1	空气质量达标天数	0.2	绿化覆盖率	0.4
	污染物场地地下水监测达标率	0.1	污水集中处理率	0.2	能源综合评价指标	0.1		

续表

类别	土地利用		水资源保护		局地气象与大气质量		生物多样性	
	指标名称	权重	指标名称	权重	指标名称	权重	指标名称	权重
旧城改建区	已修复治理土地比例	0.05	工业废水处理率	0.1				
	污染性工业用地年变化率	0.05						
	城市生活垃圾回收利用率	0.1						
棕地更新区	综合径流系数	0.3	水质平均污染指数	0.1	通风潜力指数	0.3	维管束植物物种数	0.3
	土地综合污染指数	0.3	水质特征污染物指示	0.2	热岛比例指数	0.2	乡土植物指数	0.3
	污染物场地地下水监测达标率	0.2	水质基本项目核查	0.3	生态冷源面积比	0.1	绿化覆盖率	0.4
	已修复治理土地比例	0.1	综合营养状态指数	0.1	空气质量达标天数	0.3		
	污染性工业用地年变化率	0.05	污水集中处理率	0.1	能源综合评价指标	0.1		
	城市生活垃圾回收利用率	0.05	工业废水处理率	0.2				
生态限建区	综合径流系数	0.2	水质平均污染指数	0.1	通风潜力指数	0.2	维管束植物物种数	0.1
	生态系统服务功能总价值	0.2	水质特征污染物指示	0.1	热岛比例指数	0.2	乡土植物指数	0.2
	地均污染物净输出量	0.2	水质基本项目核查	0.5	生态冷源面积比	0.4	鸟类物种数	0.1
	土地综合污染指数	0.1	综合营养状态指数	0.1	空气质量达标天数	0.2	代表物种生境变化率	0.3
	污染物场地地下水监测达标率	0.1	污水集中处理率	0.1			绿化覆盖率	0.1
	已修复治理土地比例	0.1	工业废水处理率	0.1			天然林面积比例（典型湿地面积比例）	0.2
	城市生活垃圾回收利用率	0.1						

2.6　环境绩效评估报告的编制

对于城市环境建设的环境绩效评估应持续开展，如每年度一次，每次评估应以环境绩效评估报告作为评估成果。环境绩效评估报告应文字简洁，图文并茂，数据翔实，分析准确，结论清晰明确。

报告的基本章节可包括以下几个方面：

（1）项目概况。阐述城市生态建设项目的基本情况、发展规划、环境保护目标、开发现状等。

（2）环境绩效指标及方法。基于项目自身特征，识别环境的关键影响因素，从土地利用、水资源保护、局地气象与大气质量、生物多样性 4 个主要环境绩效评估方向筛选出关键评估指标，明确各关键指标的评估目的，评估范围、计算方法和评判标准。

（3）环境绩效指标评估。针对土地利用、水资源保护、局地气象与大气质量、生物多样性 4 个方面的评估指标开展数据分析与计算，得到评估结果。

（4）环境绩效综合评价。经过对城市区域内各种环境指标的分析论证，准确、客观、简洁地概括建设项目在土地、水、大气、生物 4 个方面的环境现状，不利的环境影响，指标的达标程度等。

（5）规划论证与措施建议

根据综合评价的结果，对建设区域规划的环境目标可达性，建设措施的合理性等进行论证，对环境影响较大的建设内容提供环境保护策略和改善环境建议。

（6）附录文件。将建设项目采集的数据以数据库的形式附在报告后。

第 3 章
环境绩效评估指标——土地利用

3.1 限制发展区域保护

3.1.1 指标 L1: 综合径流系数

1. 指标定义

综合径流系数是指一定汇水面积内地面径流量与降雨量的比值,是综合反映区域产汇流特性的参数。

2. 评估目的

该指标反映城市开发建设中土地利用下垫面结构和属性发生的变化,以及采用低影响开发方式对城市水文条件的影响。

3. 适用范围

适用于各类型绿色生态城区。

4. 计算方法

根据流向划分自然汇水单元,按汇水单元上各类用地类型的径流特性通过面积加权平均法求得。可采用计算机模型如 SWMM(Storm Water Management Model)进行模拟计算。依据现有用地状况和控制性详细规划建立 3 种不同情境下的模拟模型,即开发建设前、传统开发和低影响开发,并分别设置降雨重现期(如 5 年一遇、20 年一遇、50 年一遇)情景,使用当地暴雨强度公式,设置降雨时间、时间步长进行模拟计算。

5. 评判标准

开发建设后的综合径流系数应接近于开发建设前的水平,目标值不大于开发建设前的水平。

6. 技术措施

采用低影响开发设施和技术:

(1)建筑设置绿色屋顶,通过在屋顶种植植物来滞留暴雨径流的措施,不仅为建筑隔热,减少噪声,也利于创造良好的居住环境;场地建设雨水调蓄池,控制外排雨水峰值流量,起到消减峰值流量的作用。

(2)建设场地内的人行道和车行道采用透水铺装,道路绿化带设置生物滞留池、下凹式绿地、植草沟等。下凹式绿地低于路面 $100\sim200$mm,并坡向绿地,适当增加增渗设施,前期径流渗入地下,后期径流蓄积于绿地中,超过绿地蓄渗容量的径流溢流排放。一些小型广场、室外停车场、人行道以及车流量和荷载较小的道路面可采用由透水性面层和透水性垫层构成的透水铺装,增加雨水的下渗。

(3)结合景观要求,选取耐盐、耐淹的植物建设植被草沟、低洼绿地、雨水花园和雨水干湿塘等。在小区域内部，结合场地竖向设计，将临近绿地改造为植被草沟，将屋面或区域内的雨水送至雨水花园或塘床系统。在实现蓄洪防涝功能的同时，也能够有效地实现雨水的资源化利用。此外，塘床系统具有各个级别的净化塘及植物床，可以构造良好的亲水环境，经渗滤净化后的雨水还能补充地下水。

3.1.2 指标L2： 生态系统服务功能总价值

1. 指标定义

生态系统服务功能总价值是指一定区域内各类生态用地所具有的生态系统服务功能产生的直接经济价值及间接经济价值的总和。

生态系统服务功能指生态系统与生态过程所形成及所维持的人类赖以生存的自然环境条件与效用。

2. 评估目的

该指标反映由于土地利用变化而产生的生态系统服务功能价值的变化，用于衡量城市生态提供生态服务能力的大小。

3. 适用范围

适用于各类型绿色生态城区。

4. 计算方法

将用地划分为林地、草地、耕地、水域、建设用地和未利用地六大类。针对各类别用地在生态系统中生态服务贡献的大小，设定各类别用地的生态系统服务价值当量，反映各类别生态服务价值的差异。各类别用地的生态系统单位面积服务价值当量的赋值可参考表3-1-1。

谢高地计算方式的中国生态系统单位面积服务价值当量（2007年）　表 3-1-1

	食物生产	原材料生产	气体调节	气候调节	水文调节	废物处理	保持土壤	维持生物多样性	提供景观美学
林地	0.33	2.98	4.32	4.07	4.09	1.72	4.02	4.51	2.08
草地	0.43	0.36	1.5	1.56	1.52	1.32	2.24	1.87	0.87
耕地	1	0.39	0.72	0.97	0.77	1.39	1.47	1.02	0.17
水域	0.53	0.35	0.51	2.06	18.77	14.85	0.41	3.43	4.44
荒漠	0.02	0.04	0.06	0.13	0.07	0.26	0.17	0.4	0.24
建设用地	0	0	0	0	0	0	0	0	0

注：由于地表覆盖度的不同会导致生态服务功能分布的差异，需要针对地区的实际情况对生态当量进行修正。在单元格尺度的生态服务价值修订中，推荐选取叶面指数 LAI（Leaf Area Index）为指标，对农田、森林、草地生态系统进行逐单元格的生态系统服务价值修订。生态系统单元的划分方式，可根据具体情况进行调整。

生态系统服务功能总价值采用下列公式计算：

$$V_t = \Sigma V_i S_i \qquad\qquad (3\text{-}1\text{-}1)$$

式中　V_t——生态系统服务功能总价值，万元；

　　　V_i——第 i 种类型生态系统的服务功能单位价值，万元/hm²；

　　　S_i——第 i 种类型生态系统的总面积，hm²。

生态系统单位面积服务价值当量以耕地为基准，当量为 1 时，其服务功能单位价值可为区域平均粮食单产市场价值的 1/7。

5. 评判标准

对比城市开发建设前后其生态系统服务能力的变化。生态系统服务功能总价值越高，城市的生态涵养功能越好。

6. 技术措施

（1）建设生态湿地。对区域内的河道、湖泊进行治理，建设人工湿地，恢复自然湿地，恢复水生态环境。突出自然风貌特色和湖泊、河流、湿地多样水景观。以生态主导型岸线为主，通过水生湿生植物、灌丛、竹林、乔木的合理搭配，营造幽深的密林、疏朗的草地、茂盛的芦丛等多样自然植被群落。适当进行岸线水体调整，注重保护自然湿地基质。

（2）提高植物种植的复合度。保持合适的林灌草配比，增强绿地的水土涵养功能，维持生物多样性。合理配置乔木、灌木、草本和藤本植物，丰富林下植被，增加群落生物种类，形成疏密有度、障透有序和高低错落的群落结构以及丰富的色相和季相，营造多样的小生境，为动物、微生物提供良好的栖息和繁衍场所。

3.1.3　指标 L3：TOD 集约开发度

1. 指标定义

TOD 集约开发度是指公共交通枢纽站点一定服务半径范围内覆盖的用地集约利用程度。

2. 评估目的

该指标通过围绕公共交通枢纽站点的密集开发程度，衡量城市的土地集约利用情况，反映城市总体运行结构。

3. 适用范围

适用于有轨道站点覆盖的城市新建区和旧城改建区。

4. 计算方法

界定 TOD 影响区，确定步行合理区范围，如步行 5～15min 的距离范围或以 400～800m 为半径的圆。通过问卷调查等方式收集 TOD 影响区内的人流和设施数据，用于测算下述 4 个参数，可单独运用，也可综合加权用于评估。

1）TOD 影响区内单位建设用地 GDP 与建设用地增长弹性系数

该系数是指 TOD 影响区内建设用地 GDP 产出增长百分比与建设用地增长百分比的比值，采用下列公式计算：

$$R_1 = \frac{(C-C_0)/C_0}{(S-S_0)/S_0} \times 100\% \tag{3-1-2}$$

式中　R_1——TOD 影响区内单位建设用地 GDP 与建设用地增长弹性系数；

　　C——评估期 TOD 影响区内的单位建设用地 GDP，万元/hm²；

　　C_0——评估基期 TOD 影响区内的单位建设用地 GDP，万元/hm²；

　　S——评估期 TOD 影响区内的建设用地面积，hm²；

　　S_0——评估基期 TOD 影响区内的建设用地面积，hm²。

该指标大于 1，表明产出增长快于用地增长，TOD 影响区总量规模呈潜力挖掘状态，土地集约度越高。

2）TOD 影响区内综合容积率

该系数是指 TOD 影响区内建设用地内的总建筑面积与建设用地面积的比值，采用下列公式计算：

$$R_2 = \frac{S}{S_0} \tag{3-1-3}$$

式中　R_2——TOD 影响区内综合容积率；

　　S——评估期 TOD 影响区内的总建筑面积，m²；

　　S_0——评估期 TOD 影响区内的建设用地面积，m²。

该系数是反映 TOD 影响区内土地开发强度的重要指标，该指标数值越大反映土地集约利用程度越高。

3）居住人口集约系数

该系数是指 TOD 影响区内居住用地增长率与全区域居住用地增长率的比值，采用下列公式计算：

$$R_3 = \frac{(T-T_0)/T_0}{(U-U_0)/U_0} \times 100\% \tag{3-1-4}$$

式中　R_3——居住人口集约系数；

　　T——评估期 TOD 影响区内的居住用地面积，hm²；

　　T_0——评估基期 TOD 影响区内的居住用地面积，hm²；

　　U——评估期全区域的居住用地面积，hm²；

　　U_0——评估基期全区域的居住用地面积，hm²。

该系数反映全区居住人口在 TOD 影响区内的集约度，该指标大于 1，表明

TOD影响区内居住用地增长比例大于全区居住用地增长比例，数值越大，居住人口集约度越高。

4）公共服务设施集聚系数

指 TOD 影响区内公共服务设施用地增长率与全区域公共服务设施用地增长率的比值，采用下列公式计算：

$$R_4 = \frac{(B-B_0)/B_0}{(M-M_0)/M_0} \times 100\%$$ （3-1-5）

式中 R_4——公共服务设施集聚系数；

B——评估期 TOD 影响区内的公共服务设施用地面积，hm^2；

B_0——评估基期 TOD 影响区内的公共服务设施用地面积，hm^2；

M——评估期全区域的公共服务设施用地面积，hm^2；

M_0——评估基期全区域的公共服务设施用地面积，hm^2。

该系数反映全区公共服务设施建设在 TOD 影响区内的集约度，该指标大于1，表明 TOD 影响区内公共服务设施用地增长比例大于全区公共服务设施用地增长比例，数值越大，服务设施集约度提高。

5. 评判标准

连续数年监测 TOD 集约开发度指标，TOD 影响区内单位建设用地 GDP 与建设用地增长弹性系数、TOD 影响区内综合容积率、居住人口集约系数和公共服务设施集聚系数的数值越大，TOD 集约开发度越高。

6. 技术措施

（1）以公共交通引导城市土地开发。鼓励绿色出行，结合公共交通发展计划，优先制定沿线地区的土地开发方案。

（2）监测及评估站点辐射范围的土地开发。定期监测轨道交通站点周边的人口密度、综合容积率、公共服务设施变化情况，对其土地开发的集约程度进行科学评估。

（3）提高站点覆盖范围内的公共服务设施密度。发挥交通导向作用，为吸纳居住和就业人口，重要站点周边的公共服务设施配置密度应高于非站点区域。

3.1.4 指标L4：公园绿地可达性

1. 指标定义

公园绿地可达性是指城市居民到达公园绿地的难易程度，采用空间距离、时间距离或费用距离衡量。

2. 评估目的

该指标体现绿地的真实效用，反映公园绿地斑块的总量及布局的合理性。

3. 适用范围

适用于公园绿地体系相对完善的各类型绿色生态城区。

4. 计算方法

推荐使用基于 GIS 的费用加权距离法来衡量可达性。具体步骤如下：

（1）将评估区域在 GIS 软件中栅格为 10m×10m 的空间矩阵。

（2）依据矩阵方格所在用地的用地类型，赋予不同的相对阻力值，可参考表 3-1-2 或其他相对成熟的取值方式进行赋值。

不同用地类型的空间相对阻力值　　　　　　　　表 3-1-2

用地类型	相对阻力	用地类型	相对阻力
道路用地	1	商业用地	100
居住用地	3	工业用地	100
绿地	4	水域	999
公共设施用地	100	其他用地	100

（3）在 GIS 软件中计算出距最近的公园绿地阻力值分布图（以公园的边界为路径终点）。

（4）按照步行平均速度 5km/h，把阻力值分布图转化为时间分布图，并划分为 0～5min、5～15min、15～30min、30～60min、大于 60min 5 个时间距离级别。

（5）把五种时间距离级别与居住用地进行叠合，换算出不同时间级别下所覆盖的居住区比例。

5. 评判标准

在不同时间距离上，居住区的覆盖比例越高，反映绿地的可达性越高。

6. 技术措施

（1）开展大型生态绿地公园化改造。把大型的生态绿地，如连片的湿地、林地等，在保证生态功能不遭破坏的前提下进行公园化改造，提高大型生态绿地的社会效益。

（2）打造街头绿地与公园。利用荒地、边角地以及拆迁后腾挪出来的用地打造小而散的街头公园，提高市民的公园绿地可达性。

（3）提升校园开放度。通过适当的政策引导，提高校园的开放度，主要针对高校校园，为市民提供更多可接触的绿色开敞空间。

3.1.5　指标 L5：地均污染物净输出量

1. 指标定义

地均污染物净输出量是指污染物净输出量与区域总面积的比值。

2. 评估目的

该指标通过计算某种污染物在一定区域范围内产生与削减的差值来表征区域内对该污染物的净化能力。从环境污染角度量化土地利用方式变化所带来的影响，反映单位面积用地对区域环境的贡献变化。

3. 适用范围

适用于有旅游景区的生态限建区。

4. 计算方法

识别城市生态建设前后污染物的产生和削减变化。相关参数如下：

1）大气污染产生量

选取氮氧化物作为指示大气污染的评价指标，计算村镇常住人口的生活污染源和旅游景区吸引的流动人口所产生的大气污染。村镇居民产生的氮氧化物来源于其煤炭的使用，流动人口产生的氮氧化物主要由景区游客自驾游的汽车尾气产生，采用下列公式计算：

$$M_{NOx常住} = H_总 \times C_{户均} \times EC_{NOx} \quad (3\text{-}1\text{-}6)$$

式中　$M_{NOx常住}$——常住人口氮氧化物产生量，kg；

　　　$H_总$——年总户数，户；

　　　$C_{户均}$——年度户均用煤炭量，t；

　　　EC_{NOx}——每吨煤炭排放 NOx 量，kg。

$$M_{NOx流动} = P \times D_{self} \times D \times Ed_{NOx} \quad (3\text{-}1\text{-}7)$$

式中　$M_{NOx流动}$——景区流动人口氮氧化物产生量，kg；

　　　P——景区年游客自驾车接待量，辆；

　　　D_{self}——自驾游比例，%；

　　　D——景区内平均行驶距离，km；

　　　Ed_{NOx}——每公里汽车尾气 NOx 排放量，kg。

2）大气污染消减量

植物对大气中的氮氧化物具有一定的吸收、削减能力。根据城市开发建设区域中对氮氧化物具有削减能力的耕地、林地、园地等用地的变化，评估建设区域对于大气污染物削减能力的变化。采用下列公式计算：

$$M_{NOx削减} = \sum_{i=1}^{n} W_i S_i (i = 1,2,\cdots,n) \quad (3\text{-}1\text{-}8)$$

式中　$M_{NOx削减}$——区域氮氧化物年削减量，kg；

　　　W_i——耕地、林地、园地等用地对氮氧化物的年吸收、削减能力，kg/hm²；

　　　S_i——各类用地面积，hm²。

3）水污染产生量

生态限建区的水污染以生活污染源和农业污染源为主。

生活污染源来自于各类建设用地产生的污水，依据相关标准，对所在区域建设用地产生的水污染进行量化计算，选取水体中总氮值为主要指示指标，各类用地的污水排放量由给水量与排放系数确定。采用下列公式计算：

$$W_{\mathrm{TN}生活} = 365 \times \sum_{i=1}^{n} A_i S_i B_i \eta_i (i = 1, 2, \cdots, n)/1000 \qquad (3\text{-}1\text{-}9)$$

式中　$W_{\mathrm{TN}生活}$——生活污水中总氮年产生量，kg；

　　　A_i——各类建设用地用水指标，$\mathrm{m^3/(hm^2 \cdot d)}$；

　　　S_i——各类建设用地面积，$\mathrm{hm^2}$；

　　　B_i——各类建设用地产生污水中总氮的浓度，mg/L；

　　　η_i——各类用地污水产生收集率，%。

农业污染源来自规划区内非建设用地中的耕地和园地，生产过程使用的农药、化肥含有较多的氮、磷等营养物质，会随地表径流排放进水体中，引起水体中氮、磷值的升高。对区域内耕地和园地中总氮源强系数、总磷源强系数进行量化计算。

$$W_{\mathrm{TN}农业} = \sum_{i=1}^{n} E_i S_i L_i (i = 1, 2, \cdots, n) \qquad (3\text{-}1\text{-}10)$$

式中　$W_{\mathrm{TN}农业}$——农业面源中总氮年产生量，kg；

　　　E_i——耕地、园地等农用地总氮源强系数，$\mathrm{kg/hm^2}$；

　　　S_i——各类农用地播种面积，$\mathrm{hm^2}$；

　　　L_i——种植业污染物流失系数，无量纲数。

4）水污染削减量

湖泊对水中的总氮具有一定的自净能力，自然水体中总氮依靠矿化作用、硝化作用、反硝化作用从水体中进行去除。农业污染源采用提高化肥使用效率的方式来对污染物进行有效地削减，还可采用一些生态化的处理方法，如建设人工湿地来对污染物进行进一步的处理。以建设人工湿地为例，其对总氮的削减量采用下式计算：

$$W_{\mathrm{TN}削减} = 365 \times q_{\mathrm{os}} \times A \times 10^3 \qquad (3\text{-}1\text{-}11)$$

式中　$W_{\mathrm{TN}削减}$——通过人工湿地年削减总氮量，kg；

　　　q_{os}——人工湿地对总氮的表面负荷，根据不同类型人工湿地进行取值，$\mathrm{kg/(hm^2 \cdot d)}$；

　　　A——人工湿地面积，$\mathrm{hm^2}$。

将产生量减去削减量，即分别获得大气、水污染的净输出量，再与区域的面积相除，即可得到本地区地均污染物净输出量。

5. 评判标准

理想状态下区域生态可通过内部自然生态系统的净化能力以及采取的一系列措施对自身产生的污染物进行消纳，其污染物净输出量不大于 0。

6. 技术措施

（1）污水收集与处理。除工业、生活污水的集中收集与处理外，加强面源污染，尤其是建成区的初期雨水径流污染，在河道较为平缓、水流较缓处利用雨水湿地、垂直流湿地等集中型绿色基础设施进行面源处理，有条件改造的河道可沿河敷设截污干管收集点源污染。

（2）提高公共交通的利用率。加大公交投入，鼓励绿色出行，从而降低汽车尾气的排放。

（3）污染物减排。控制污染物排放，严格控制水质，合理确定生态城内的产业布局。未达标的水体，要根据相关标准，深化污染物总量，严查各类风险排污。

3.2 土地生态修复

3.2.1 指标 L6：土地综合污染指数

1. 指标定义

土地综合污染指数是指土壤中各类污染物含量综合加权值。

2. 评估目的

该指标反映各污染物对土壤的作用，指示土地的环境质量，评估土地修复效果。

3. 适用范围

适用于各类型绿色生态城区。

4. 计算方法

各污染因子对土地环境质量的综合影响，采用多因子评价法，以内梅罗指数进行计算：

$$P = \sqrt{\frac{(\overline{P_i})^2 + (P_{i\max})^2}{2}} \tag{3-2-1}$$

式中　P_i——各污染物分指数的平均值；

$P_{i\max}$——各污染物分指数中的最大值。

$$P_i = \frac{C_i}{S_i} \tag{3-2-2}$$

式中 C_i——土地中污染物 i 的实测值（或统计平均值）；

S_i——污染物 i 的评价标准，可参考《展览会用地土壤环境质量评价标准（暂行）》（HJ 350—2007）A 级标准。

5. 评判标准

P 值的理想状态为 0，根据 P 值划分土地污染等级（表 3-2-1）。

土地内梅罗污染指数评价标准 表 3-2-1

污染等级	内梅罗指数	污染等级
I	$P \leqslant 0.7$	清洁（安全）
II	$0.7 < P \leqslant 1.0$	尚清洁（警戒限）
III	$1.0 < P \leqslant 2.0$	轻度污染
IV	$2.0 < P \leqslant 3.0$	中度污染
V	$P > 3.0$	重度污染

6. 技术措施

（1）采用生物法修复污染土地。利用生物的生命代谢活动减少土壤环境中有毒有害物的浓度或使其完全无害化，从而使污染的土壤环境能够部分地或完全地恢复到原初状态的过程。生物修复包括微生物修复、动物修复、菌根修复和植物修复。生物修复是一项高效修复技术，具有良好的社会、生态综合效益，容易被大众接受，具有广阔的应用前景。

（2）采用物理法修复污染土地。主要是通过减少土壤表层的污染物浓度，或增强土壤中的污染物的稳定性使其水溶性、扩散性和生物有效性降低，从而减轻污染物危害。具体方法包括客土法、热处理法、电动修复法、玻璃化法、气相抽提等。

（3）采用化学法修复污染土地。通过向土壤中加入固化剂、有机质、化学试剂、天然矿物等，改变土壤的 pH 值、Eh 等理化性质，经氧化还原、沉淀、吸附、抑制、络合螯合和拮抗等作用来降低重金属的生物有效性。具体方法包括淋洗络合法、化学萃取法等。化学法修复污染土地相对简单易行，但并不是一种永久修复措施，因为它只改变了重金属在土壤中存在的形态，金属元素仍保留在土壤中，容易再度活化。

（4）规范危险废物的贮存。根据我国危废贮存相关标准要求，规范危废的包装、运行、安全防护、监测和关闭等行为，防止因泄漏造成土壤环境的污染。

（5）规范废液的排放行为。安装污染物处理设施，严格执行国家或地方的相关排放标准，杜绝偷排、乱排和超标排放行为。

3.2.2　指标 L7：污染场地地下水监测达标率

1. 指标定义

污染场地地下水监测达标率是指污染场地下游或附近地下水监测站点的监测达标频次占总监测频次的百分比。

2. 评估目的

该指标反映土壤中各污染物对地下水的污染情况，评估土地修复效果。

3. 适用范围

各类型绿色生态城区。

4. 计算方法

地下水监测达标率采用下列公式计算：

$$W = \frac{W_r}{W_a} \times 100\% \tag{3-2-3}$$

式中　W——地下水监测达标率，%；

　　　W_r——监测达标频次之和，次；

　　　W_a——监测总频次，次。

地下水监测达标是指监测的各项指标达到现行国家标准《地下水环境质量标准》（GB/T 14848）规定的监测区域所在地所需达到的相应标准。

5. 评判标准

污染场地地下水监测达标率越高，表明污染场地附近地下水水质受到污染越少。

6. 技术措施

（1）规范危险废物的贮存。根据我国危废贮存相关标准要求，规范危废的包装、运行、安全防护、监测和关闭等行为，防止因泄漏造成地下水的污染。

（2）规范废液的排放行为。安装污染物处理设施，严格执行国家或地方的相关排放标准，杜绝偷排、乱排和超标排放行为。

（3）采用抽出处理技术修复受污染的地下水。根据地下水污染范围，在污染场地布设一定数量的抽水井，通过水泵和水井将污染地下水抽取上来，然后利用地面设备进行处理。这种方法治理时间较长，到后期由于污染物浓度越来越低可能会出现拖尾现象，不适宜处理吸附性较强的污染物，属于异位修复。

（4）采用原位修复技术修复受污染的地下水。具体方法有渗透反应墙修复、原位曝气、原位化学氧化、原位电动等。原位修复技术不破坏土体和地下水自然环境条件，对受污染对象不作搬运或运输，因此可节省处理费用并最大程度减少污染物的暴露和对环境的扰动。

（5）采用生物修复技术修复受污染的地下水。利用生物的代谢活动减少现场环境中有毒有害化合物的一种工程技术，属于原位修复。具体方法包括生物注射法、有机黏土法等。这种方法使有机物分解为二氧化碳和水，可永久地消除污染物和长期隐患，无二次污染，不会使污染物转移，而且与传统物理化学修复法相比，费用较低。

3.2.3　指标 L8：已修复治理土地比例

1. 指标定义

已修复治理土地比例是指已修复治理的土地与城市中总污染土地面积的比值。

2. 评估目的

该指标通过评估城市区域中已修复治理的污染场地，反映城市生态建设的进程。

3. 适用范围

适用于各类型绿色生态城区。

4. 计算方法

已修复治理土地比例采用下列公式计算：

$$R = \frac{R_d}{R_a} \times 100\% \tag{3-2-4}$$

式中　R——已修复治理土地比例，%；

$\quad\quad R_d$——已修复治理土地面积，hm^2；

$\quad\quad R_a$——评估区域污染土地总面积，hm^2。

已修复治理土地是指经修复治理后土地中污染物的含量达到一定标准要求，可参照《展览会用地土壤环境质量评价标准（暂行）》（HJ 350—2007）A 级标准。

5. 评判标准

已修复治理土地比例越高，表明城市的污染土地治理越彻底。

6. 技术措施

根据污染情况选择合适的修复技术对污染土地进行修复，利用物理、化学和生物的方法转移、吸收、降解和转化土壤中的污染物，使其浓度降低到可接受水平，或将有毒有害的污染物转化为无害的物质。具体同 3.2.1 节指标 L6 中技术措施（1）～（3）。

3.2.4　指标 L9：污染性工业用地年变化率

1. 指标定义

污染性工业用地年变化率是指一定区域内污染性工业用地年度平均的扩张或

退化。

污染性工业用地包括曾进行过开发，现实存在一定程度的污染，处于闲置或低效利用的面临改造的用地。

2. 评估目的

该指标通过评估污染性工业用地扩展的规模和速度变化反映土地利用效益的变化情况，衡量土地利用结构优劣情况。

3. 适用范围

适用于旧城改造区和棕地更新区等有工业用地的绿色生态城区。

4. 计算方式

污染性工业用地年变化率采用下列公式计算：

$$K = \frac{(U_a - U_b)}{U_a} \times \frac{1}{t} \times 100\% \qquad (3\text{-}2\text{-}5)$$

式中　K——污染性工业用地年变化率，%；

$\quad\quad U_a$——评估基期污染性工业用地面积，hm^2；

$\quad\quad U_b$——评估期污染性工业用地面积，hm^2；

$\quad\quad t$——年数，年。

5. 评判标准

当 K 值为正时，表示污染性工业用地逐步置换成为其他类型的用地，区域环境进一步改善。

6. 技术措施

（1）根据污染情况选择合适的修复技术对污染土地进行修复，利用物理、化学和生物的方法转移、吸收、降解和转化土壤中的污染物，使其浓度降低到可接受水平，或将有毒有害的污染物转化为无害的物质。具体同 3.2.1 节指标 L6 中技术措施（1）～（3）。

（2）降低用地的污染风险。合理规划布局高污染产业，按要求落实相关环保措施；淘汰落后产能；实行区域限批。

3.2.5　指标 L10：城市生活垃圾回收利用率

1. 指标定义

城市生活垃圾回收利用率是指对城市生活垃圾等所谓的"废物"加以循环利用，以其为材料、原料进行的"逆向生产"的比率。

2. 评估目的

该指标用于衡量城市环境中垃圾资源的循环利用情况。

3. 适用范围

适用于各类型绿色生态城区。

4. 计算方法

推荐 3 种测算指标，可单独运用，也可综合加权用于评估。

1）人均垃圾排放量

指城市生活垃圾等废弃物的平均每人每天的排放量。通过垃圾排放量指标的监测获得城市矿山的资源量。

2）垃圾回收利用率

指回收利用的城市市区生活垃圾数量占市区生活垃圾产生总量的百分比，反映生活垃圾的资源化利用比率。

3）垃圾无害化处理率

指无害化处理的城市市区生活垃圾数量占市区生活垃圾产生总量的百分比。

5. 评判标准

如表 3-2-2 所示，将国内外关于城市生活垃圾回收利用率的城市生态建设标准及参考值，作为指标评价的参考。

城市生活垃圾回收利用率有关指标的国内外对比　　　表 3-2-2

指标内容	国家指标	国内参考值	国际参考值
人均垃圾排放量〔kg/（人·d）〕	城市环境卫生设施计划标准（GB 50337—2006）：0.8－1.2	天津：1.10（2007）；北京：1.18（2007）；宁波：1.2（2007）武汉中心区：1.21（2008）	新加坡：0.89；东京：0.96
垃圾回收利用率（%）	没有相关国家标准	北京 2008 年奥运会场馆为 50%；深圳：45%（到 2010 年）；国内平均不到 5%	新加坡：60%；美国华盛顿州西雅图市：60%
生活垃圾无害化处理率（%）	生态城标准：90%园林城市标准：60%环境保护模范城市标准：生活垃圾处理率≥85%；有害固体垃圾处理率：100%	天津：90%（计划到 2015 年 100%）；北京年中心区 99%，郊区 80%；中国城市平均值：84.8%	发达国家基本达到了 100%

6. 技术措施

（1）规范居民的垃圾排放行为。宣教并鼓励居民分类排放垃圾，广泛开展垃圾分类的宣传、教育和倡导工作，树立垃圾分类的环保意识，认识到垃圾分类的重要意义，使垃圾分类深入居民的生活和工作中，逐步养成"减量、循环、自觉、自治"的行为规范，变废为宝，减少占地，减少垃圾对土壤的侵蚀和污染。

（2）规范垃圾回收、处理处置行为。完善区域垃圾回收体系，建立正规的垃圾处理处置站点，规范垃圾分类、回收、处理过程，探索推行垃圾分类处理模式，实现垃圾处理的无害化、资源化和减量化。

第 4 章

环境绩效评估指标——水资源保护

4.1 水质变化

4.1.1 指标 W1：水质平均污染指数

1. 指标定义

水质平均污染指数是指若干选定监测项目各自污染指数的算术平均值，通过对选定监测项目的监测值与标准值进行综合处理、计算后得出。

2. 评估目的

该指标通过评估不同水期的单项指标、平均污染指数及年际变化情况，反映水质污染程度、水质总体水平和综合污染情况。

3. 适用范围

适用于有水体的各类型绿色生态城区。

4. 计算方法

水质监测指标依据现行国家标准《地表水环境质量标准》（GB 3838）的基本项目确定，其中江河及溪流应对溶解氧（DO）、化学需氧量（COD）、五日生化需氧量（BOD$_5$）、氨氮（NH$_x^+$－N）、总磷（TP）、石油类 6 项指标进行重点评价分析，湖泊的水质监测指标还应增加总氮。

以评价水体的水质目标《地表水环境质量标准》（GB 3838）中Ⅰ、Ⅱ、Ⅲ、Ⅳ、Ⅴ类的各项污染物浓度标准限值作为评价标准。

水质平均污染指数采用下列公式计算：

$$WQI = \frac{1}{n} \sum_{i=1}^{n} I_i \tag{4-1-1}$$

$$其中：I_i = \frac{C_i}{S_i} \tag{4-1-2}$$

当污染指标是 pH 时：

$$I_{pH} = \frac{7.0 - pH}{7.0 - pH_{sd}}, pH \leqslant 7.0 \tag{4-1-3}$$

$$I_{pH} = \frac{pH - 7.0}{pH_{su} - 7.0}, pH > 7.0 \tag{4-1-4}$$

当污染指标是溶解氧时：

$$I_{DO} = \frac{|DO_f - DO|}{DO_f - DO_s}, DO \geqslant DO_s \tag{4-1-5}$$

$$I_{DO} = 10 - 9 \frac{DO}{DO_s}, DO < DO_s \tag{4-1-6}$$

$$DO_f = \frac{468}{31.6 + T} \tag{4-1-7}$$

公式　WQI——水质平均污染指数；

　　　　I_i——i 污染物的水质污染指数；

　　　　C_i——i 污染物的浓度，mg/L；

　　　　S_i——i 污染物的评价标准，mg/L；

　　　I_{pH}——pH 的污染指数；

　　　　pH——pH 的实测值；

　　pH_{su}——pH 评价标准的上限；

　　pH_{sd}——pH 评价标准的下限；

　　　I_{DO}——DO 的污染指数；

　　　DO_f——监测水温下的 DO 饱和值，mg/L；

　　　　DO——DO 实测值，mg/L；

　　　DO_s——DO 标准值，mg/L；

　　　　T——监测时的水温，℃。

5. 评判标准

地表水水质总体水平和综合污染情况按水质平均污染指数 WQI 进行分级（表 4-1-1）。

水质平均污染指数分级表　　　　表 4-1-1

污染分类	水质平均污染指数（WQI）
清洁	≤0.1
尚清洁	0.1～0.3
轻度污染	0.3～0.5
中度污染	0.5～1.0
重度污染	1.0～5.0
严重污染	>5.0

6. 技术措施

（1）工业及城市污水集中治理。控制外源污染，并通过完善城镇污水处理系统，加强污水处理设施建设改造，推进配套管网建设等措施，加大工业和城市污水的集中处理力度。

（2）污水厂升级改造。以脱氮除磷为重点，对传统污水处理工艺进行改造，适用技术包括膜生物反应器法（MBR）、曝气生物滤池法、膜过滤法等，确保达到污水排放相关标准。

（3）建设源分离生态卫生排水系统。从源头开始进行污水分质分流收集，采取的手段包括尿液分离的冲水厕具、少量冲水的负压厕具或尿液分离负压厕具、重力流厕所废水单独收集等。

（4）面源污染控制。对城市初期雨水进行收集和处理，降低农业面源污染，减少农药、化肥使用量。

（5）优化产业布局。根据水环境目标确定适宜的产业结构，优化产业布局，消除水环境污染的系统性风险。

（6）严格控制排放水质和污染物排放总量。严格控制污水排放水质，按照相应标准确定排放要求。对于未能达标排放的水体，应根据有关标准，深化污染物的总量控制，对各类风险排污严查严防。

（7）采用低影响开发。通过加强城市规划建设管理，充分发挥建筑、道路和绿地、水系等生态系统对雨水的吸纳、蓄渗和缓释作用，有效控制雨水径流。可采取建设透水铺装、低洼绿地、调蓄水池、渗井等设施，因地制宜建立大型调蓄装置等方式。

（8）区域内河道、湖泊治理。在截污治污的基础上，开展区域内河道、湖泊的生态治理，恢复水生态系统。

（9）构建人工湿地。通过构建人工湿地的综合生态系统，利用土壤、人工介质、植物、微生物的物理、化学、生物三重协同作用，对污水、污泥进行处理。

（10）恢复自然湿地。对于已经退化的湿地生态系统，通过加强区域内河道、湖泊治理，采取适当的水土调控技术，合理确定开发模式与规模，力争恢复自然湿地，恢复水生态环境。

（11）非传统水资源利用。加强水资源的循环利用，加强雨污分流、雨洪综合利用工程建设，建设可再生水厂及配套管网，对再生水进行合理回用，提高水资源利用率。

（12）建立水资源管理体系。建立严格水资源管理制度，按照水资源开发利用控制、用水效率控制、水功能区限制，实行用水总量控制，对用水单位用水情况实时监控，发现水资源浪费情况，及时整改。

4.1.2 指标 W2：水质特征污染物指示

1. 指标定义

水质特征污染物指示是指现行国家标准《地表水环境质量标准》（GB 3838）和《地下水环境质量标准》（GB/T 14848）基本项目之外，与城市生态已有或潜在污染源密切相关的污染物指标。

2. 评估目的

该指标通过将特征污染物的检测值与其标准值或背景值相比较，判断水体污染情况。

3. 适用范围

适用于有水体的各类型绿色生态城区。

4. 计算方法

根据污染源调查，选取具有地区代表性的污染物指标进行监测。检测方法依据国内、国际标准或采用权威文献中指定的方法。

5. 评判标准

依据国内、国际标准及权威文献中的相关指标要求或与背景值相比较。

6. 技术措施

具体同 4.1.1 节指标 W1 中技术措施（1）～（12）。

4.1.3　指标 W3：水质基本项目核查

1. 指标定义

水质基本项目核查是指依据相关水质检查标准判断各类水质的达标情况，对象包括地表水水质、地下水水质和饮用水水质。

2. 评估目的

该指标利用现行国家标准核查影响水质变化的相关因素，促进水质的改善，防治水污染，保障人体健康，维护良好的生态系统。

3. 适用范围

适用于有水体的各类型绿色生态城区。

4. 计算方法

1）地表水水质

根据现行国家标准《地表水环境质量标准》（GB 3838）确定监测项目。对水体进行采样与检测，采样点的空间布局、采样频次、采样方法、采样及检验分析方法等按照现行行业标准《地表水和污水监测技术规范》（HJ/T 91）的相关要求。检测方法也可采用 ISO 方法体系或其他等效分析方法，但须进行适用性检验。

根据应实现的水域功能类别，选取相应类别标准，进行单因子评价，评价结果应说明水质达标情况，超标的应说明超标项目和超标倍数。丰、平、枯水期特征明显的水域，应分水期进行水质评价。评估还应对比城市开发建设前、建设过程中、建成后的水质变化情况。

2）地下水水质

根据现行国家标准《地下水环境质量标准》（GB/T 14848）确定监测项目。监测频率不少于每年 2 次（丰、枯水期）。

地下水质量综合评价，采用加附注的评分法。具体要求与步骤如下：

（1）参加评分的项目，应不少于上述标准规定的监测项目，但不包括细菌学指标。

（2）各单项组分评价，划分组分所属质量类别。

（3）对各类别按照表 4-1-2 分别确定单项组分评价分值 F_i。

单项组分评价分值 F_i 类别 　　　　　　　　　　　　　　表 4-1-2

类别	I	II	III	IV	V
F_i	0	1	3	6	10

（4）综合评价分值 F 采用下列公式计算：

$$F = \sqrt{\frac{\overline{F}^2 + F_{max}^2}{2}} \quad\quad (4\text{-}1\text{-}8)$$

$$\overline{F} = \frac{1}{n} \sum_{i=1}^{n} F_i \quad\quad (4\text{-}1\text{-}9)$$

式中　$\overline{F}$——各单项组分评分值 F_i 的平均值；

　　　F_{max}——单项组分评价分值 F_i 中的最大值；

　　　n——项数。

（5）根据 F 值，按照表 4-1-3 划分地下水质量级别，再将细菌学指标评价类别注在级别定名之后。如"优良（II类）"、"较好（III类）"。

地下水质量级别 　　　　　　　　　　　　　　表 4-1-3

级别	优良	良好	较好	较差	极差
F	<0.80	0.80（含）～2.50	2.50（含）～4.25	4.25（含）～7.20	≥7.20

使用 2 次以上的水质分析资料进行评价时，可分别进行地下水质量评价，也可根据具体情况，使用全年平均值和多年平均值或分别使用多年的枯水期、丰水期平均值进行评价。

3）饮用水水质

按照现行国家标准《生活饮用水卫生标准》（GB 5749）中对饮用水相关水质检测的 106 项指标进行检测。水质检测的采样点选择、检验项目和频率、合格率计算等按照相关标准执行。

5. 评判标准

地表水、地下水及饮用水的水质达到现行国家标准的指标要求。

6. 技术措施

具体同 4.1.1 节指标 W1 中技术措施（1）～（12）。

4.1.4　指标 W4：综合营养状态指数

1. 指标定义

综合营养状态指数是指综合叶绿素 a（chla）、总磷（TP）、总氮（TN）、透明度（SD）和高锰酸盐指数（COD~Mn~）5 项指标的营养状态评价湖泊富营养化情况。

2. 评估目的

该指标用于分析水体富营养化的状态。

3. 适用范围

适用于有水体的各类型绿色生态城区。

4. 计算方法

综合营养状态指数综合叶绿素 a（chla）、总磷（TP）、总氮（TN）、透明度（SD）和高锰酸盐指数（COD~Mn~）5 个项目进行下列计算。

1）综合营养状态指数

综合营养状态指数采用卡尔森指数方法，采用下列公式计算：

$$TLI(\Sigma) = \sum_{j=1}^{m} W_j \cdot TLI(j) \tag{4-1-10}$$

式中　$TLI(\Sigma)$——综合营养状态指数；

W_j——第 j 种参数的营养状态指数的相关权重；

$TLI(j)$——第 j 种参数的营养状态指数。

以 chla 作为基准参数，则第 j 种参数的归一化的相关权重计算公式为：

$$W_j = \frac{r_{ij}^2}{\sum_{j=1}^{m} r_{ij}^2} \tag{4-1-11}$$

式中　r_{ij}——第 j 种参数与基准参数 chla 的相关系数；

m——评价参数的个数。

湖泊（水库）的 chla 与其他参数之间的相关关系 r_{ij} 及 r_{ij}^2 参见表 4-1-4。

部分参数与 chla 的相关关系 r_{ij} 及 r_{ij}^2 值　　　　　表 4-1-4

参数	chla	TP	TN	SD	COD~Mn~
r_{ij}	1	0.84	0.82	-0.83	0.83
r_{ij}^2	1	0.7056	0.6724	0.6889	0.6889

2）单个项目营养状态指数

单个项目营养状态指数，采用下列公式计算：

$$TLI(\text{chla}) = 10(2.5 + 1.086\ln\text{chla}) \tag{4-1-12}$$

$$TLI(\text{TP}) = 10(9.436 + 1.624\ln\text{TP}) \tag{4-1-13}$$

$$TLI(\text{TN}) = 10(5.453 + 1.694\ln\text{TN}) \tag{4-1-14}$$

$$TLI(\text{SD}) = 10(5.118 - 1.941\ln\text{SD}) \tag{4-1-15}$$

$$TLI(\text{COD}_{\text{Mn}}) = 10(0.109 + 2.661\ln\text{COD}_{\text{Mn}}) \tag{4-1-16}$$

式中　$TLI(chla)$——叶绿素 a 的营养状态指数，mg/m^3；

　　　$TLI(TP)$——总磷的营养状态指数，mg/L；

　　　$TLI(TN)$——总氮的营养状态指数，mg/L；

　　　$TLI(SD)$——透明度的营养状态指数，m；

$TLI(COD_{Mn})$——高锰酸盐指数的营养状态指数，mg/L。

5. 评判标准

采用 0～100 的一系列连续数字对湖泊营养状态进行分级（表 4-1-5），包括贫营养、中营养、富营养、轻度富营养、中度富营养和重度富营养，在同一营养状态下，指数值越高，其营养程度越重。

水质类别与评分值对应表　　　　表 4-1-5

营养状态分级	评分值 $TLI(\Sigma)$	定性评价
贫营养	$0 < TLI(\Sigma) \leqslant 30$	优
中营养	$30 < TLI(\Sigma) \leqslant 50$	良好
（轻度）富营养	$50 < TLI(\Sigma) \leqslant 60$	轻度污染
（中度）富营养	$60 < TLI(\Sigma) \leqslant 70$	中度污染
（重度）富营养	$70 < TLI(\Sigma) \leqslant 100$	重度污染

6. 技术措施

（1）具体同 4.1.1 节指标 W1 中技术措施（1）～（12）。

（2）农村污水处理。建设小型 MBR 污水处理设施，处理入湖河流餐饮及分散自然村的污水。

（3）内源污染控制。进行水系底泥疏浚，种植沉水植物和挺水植物。

（4）植物浮岛技术。利用无土栽培技术种植陆生植物，利用植物根系的吸收、吸附作用，达到修复水质的目的。

（5）水生植物修复。通过沉水植物、漂游植物、挺水植物或浮游植物生长及光合作用，促进水体中污染物转化，形成利于水体改善的微环境，从而实现对污染水体进行净化和生态修复的效果。

（6）水生动物修复。利用水生动物种群对水中污染物的吸收、转化和迁移作用，有效去除水体中富余的营养物质和藻类，改善水质和生态条件。

（7）改善水力条件。改善水循环条件，消除水循环的不利区域。

（8）地下水资源保护。对开采和抽取地下水行为进行控制，严格限制可能造成地下水污染的生产、建设和排放。

4.2　污水处理

4.2.1　指标 W5：污水集中处理率

1. 指标定义

污水集中处理率是指区域内通过污水处理厂处理的污水量与污水排放总量的比率。

2. 评估目的

该指标评估区域内污水处理率的前后变化，包括污水收集和治理等情况。

3. 适用范围

适用于各类型绿色生态城区。

4. 计算方法

污水集中处理率采用下列公式计算：

$$S = \frac{S_t}{S_a} \times 100\% \tag{4-2-1}$$

式中　S——污水集中处理率，%；

S_t——污水处理厂处理的污水量，t；

S_a——污水排放总量，t。

5. 评判标准

对比绿色生态城区生活污水处理率的前后变化，污水处理量数值越高越好。按国家环保模范城市考核要求，城市污水集中处理率要大于等于 80%。

6. 技术措施

（1）完善污水收集系统。加强配套管网建设；加快老城区雨污合流管网改造；难以实施雨污分流改造的区域，要采取污水截流、调蓄等综合处理措施。

（2）提高污水处理标准。根据《城镇污水处理厂污染物排放标准》（GB 18918—2002）和水环境保护目标，确定排放标准。

4.2.2　指标 W6：工业废水处理率

1. 指标定义

工业废水处理率是指区域重点污染企业工业废水处理量占废水量比例。

2. 评估目的

该指标评估工业废水处理情况，是现行评价一个城市或地方废水处理工作的标志性指标。

3. 适用范围

适用于各类型绿色生态城区。

4. 计算方法

工业废水处理率采用下列公式计算：

$$I = \frac{I_t}{I_a} \times 100\%$$ （4-2-2）

式中　I——工业废水集中处理率，%；

　　I_t——全年工业废水处理量，t；

　　I_a——全年工业废水产生量，t。

5. 评判标准

对比区域内工业废水处理率的前后变化，数值越高越好，说明处理情况不断得到完善。

6. 技术措施

（1）清洁生产。采取改进设计，使用清洁的能源和原料，采用先进的工艺技术与设备，改善管理，综合利用等措施，从源头削减污染，提高资源利用效率，减少或避免污染物的产生和排放。

（2）工业用水循环利用。发展工业用水的循环利用，加强再生水等非常规水资源的开发利用，减少水资源消耗量和污水排放量，提高水资源使用效率。

（3）工业废水集中处理。集中治理工业废水，建设或改造废水处理中心，确保排放达标。

第 5 章
环境绩效评估指标——局地气象与大气质量

5.1　风环境与热环境

5.1.1　指标 A1：通风潜力指数

1. 指标定义

通风潜力指数是一个可比较不同时相、不同地区的通风潜力大小的定量指标。

2. 评估目的

该指标通过对比区域建设前后的地表通风潜力变化，结合背景风场，反映由于下垫面变化对该地区地表通风环境的影响。

3. 适用范围

适用于各类型绿色生态城区。

4. 计算方法

以天空开阔度和地表粗糙度构建该指标，其中：

1）天空开阔度

天空开阔度采用下列公式计算：

$$\Omega = \sum_{i=1}^{n} \int_{\gamma_i}^{\pi/2} \cos\phi \cdot \mathrm{d}\phi = 2\pi \cdot \left[1 - \frac{\sum\limits_{i=1}^{n} \sin\gamma_i}{n} \right] \tag{5-1-1}$$

$$SVF = 1 - \frac{\sum\limits_{i=1}^{n} \sin\gamma_i}{n} \tag{5-1-2}$$

式中　Ω——天空可视立体角，°；

　　　γ_i——第 i 个方位角时的影响地形高度角，°；

　　　n——计算的方位角数目，个；

　SVF——归一化后的天空可视立体角，即天空开阔度。

2）地表粗糙度

地表粗糙度由气象学中的动力学粗糙度 Z_0 来定量表达，Z_0 可采用形态学方法，通过精确的遥感和地理信息数据计算得到。计算 Z_0 需要的关键参数及其提取方法如下：

植被类型：通过卫星遥感影像或基础地理信息中的土地利用或土地覆盖资料获取。

叶面积指数（LAI）：采用卫星遥感影像反演得到。

植被高度：通过雷达遥感影像反演获取森林植被高度，根据农作物生长发育规律或已有文献确定农田植被高度。

建筑覆盖率：利用基础地理信息或高分辨率卫星遥感影像获取建筑覆盖率。

建筑高度：利用基础地理信息中的建筑楼层信息估算建筑高度。

3）划分通风潜力等级

根据天空开阔度和地表粗糙度确定通风潜力等级，参见表5-1-1。

通风潜力等级划分表

表5-1-1

通风潜力类型	一级	二级	三级	四级	五级
粗糙度	＞0.5	0.1～0.5	≤0.1	0.1～0.5	≤0.1
天空开阔度	—	0.75～0.90	0.75～0.90	≥0.9	≥0.9
含义	无	一般	较高	高	很高

4）背景风环境分析

盛行风向：利用代表绿色生态城区气候背景的国家级气象站近30年风速和各风向频率统计结果，确定盛行风向。

山风、谷风特征：利用绿色生态城区或其相邻地区内的气象站至少5年的逐小时观测资料，对山风、谷风的主导风向和起止时间进行统计分析。

风速：利用绿色生态城区或其相邻地区内的气象站近10年观测的各月平均风速资料，获得风速情况。

风场空间分布：利用中尺度气象模式，水平空间分辨率不大于1km，模拟得到覆盖绿色生态城区典型年和典型天气条件下的风场空间分布。

5）通风潜力指数

通风潜力指数采用下列公式计算：

$$VPI = \frac{1}{100m}\sum_{i}^{n}w_i p_i \qquad (5\text{-}1\text{-}3)$$

式中　VPI——城市通风潜力指数；

　　　m——通风潜力总等级数；

　　　i——具有从无到高的通风潜力等级序号；

　　　n——具有通风潜力的等级数；

　　　w_i——第i级的权重，取等级值；

　　　p_i——第i级所占百分比例。

一般VPI取值为0～1，该值越大，通风潜力越大。在这里，$m=5$，$n=4$。

5. 评判标准

对比绿色生态城区不同时期的通风潜力指数，该数值处于上升阶段，表明绿色生态城区的通风能力在提高。当绿色生态城区通风潜力指数提高10％（含）以上为100分，提高5％（含）以上为50分，有所提高为25分，下降则为0分。

6. 技术措施

（1）构建生态冷源。在盛行风向上游区域，不进行大型的建设开发，构建或保持较好的自然植被或水体覆盖，提供清凉舒适的环境，并作为清洁空气产生的源头。在条件允许情况下，在热岛相对集中的区域合理设定冷源用地，以起到分割强热岛区域，阻隔热岛集中连片的作用。

（2）建设通风廊道。城市区域和建筑的规划设计考虑风道或通风效果，充分利用自然风，减少制冷能耗。应尽量与主导风向平行，沿着通风潜力较大的狭长地区贯穿核心区的通风廊道。在构建过程中，要连通绿源与城市中心，打通重点弱通风量分布区，达到阻隔城市热岛连片、集中发展的目的。除增加可行的通风廊道用地外，还可依托城市现有主要交通干道、天然河道、绿化带、已有高压线走廊、相连的休憩用地、非建筑用地等空旷地作为廊道的载体，并对现有通风廊道进行保护。通风廊道可与生态廊道共同建设。

5.1.2　指标 A2：热岛比例指数

1. 指标定义

热岛比例指数是基于空间单元计算该空间范围内不同热岛强度等级所在区域面积的比例，并赋予权重来表征热岛在该空间单元的热岛发育程度。

2. 评估目的

该指标用于比较不同空间单元的热岛强弱程度，也可用于比较同一地区在不同时期的热岛强度大小。

3. 适用范围

适用于各类型绿色生态城区。

4. 计算方法

1）地表温度计算

利用卫星遥感影像反演，计算绿色生态城区及周边地区的地表温度。

2）热岛强度计算

将绿色生态城区内其他地区的地表温度与郊区农田温度进行差值计算得到热岛强度，采用下列公式计算：

$$UHII_i = T_i - \frac{1}{n} \Sigma T_{\text{crop}} \tag{5-1-4}$$

式中　$UHII_i$——热岛强度，℃；

　　　　T_i——第 i 个像元的温度，℃；

　　　　T_{crop}——农田地区某一像元的温度，℃；

　　　　n——农田地区所有像元的总个数，个。

按不同时间尺度（日、月和季）对热岛强度进行等级划分（表5-1-2）。

热岛强度等级划分 表 5-1-2

等级	热岛强度 UHII（日）（℃）	热岛强度 UHII（月、季）（℃）	等级定义
1	≤−7.0	≤−5.0	强冷岛
2	−7.0～−5.0	−5.0～−3.0	较强冷岛
3	−5.0～−3.0	−3.0～−1.0	弱冷岛
4	−3.0～3.0	−1.0～1.0	无热岛
5	3.0～5.0	1.0～3.0	弱热岛
6	5.0～7.0	3.0～5.0	较强热岛
7	>7.0	>5.0	强热岛

3）热岛比例指数

热岛比例指数采用下列公式计算：

$$UHPI = \frac{1}{100m} \sum_i^n w_i p_i \qquad (5\text{-}1\text{-}5)$$

式中 $UHPI$——城市热岛比例指数；

   m——热岛强度总等级数；

   i——城区温度高于郊区温度等级序号；

   n——城区温度高于郊区温度的等级数；

   w_i——第 i 级的权重，取等级值；

   p_i——第 i 级所占百分比例。

一般 $UHPI$ 取值范围为 $0\sim1$，该值越大，热岛现象越严重。在这里，$m=7$，$n=5$。

5. 评判标准

对热岛比例指数进行等级划分（表5-1-3），用以比较绿色生态城区建设前后的热岛效应变化。同时，根据热岛强度分布图，热岛区域不宜过于集中和连片。

区域热岛评估等级划分标准 表 5-1-3

等级	热岛比例指数 UHPI	评估等级	评估分数
1	0～0.1	轻微或无	100
2	0.1～0.3	一般	75
3	0.3～0.7	较严重	50
4	0.7～0.9	严重	25
5	0.9～1.0	非常严重	0

6. 技术措施

阻隔热岛连片发展。尽可能保留绿色生态城区中已有的生态冷源用地，并在条件允许情况下于热岛相对集中的区域合理设定冷源用地，以起到分割强热岛区域、阻隔热岛集中连片的作用。

5.1.3 指标 A3：生态冷源面积比

1. 指标定义

生态冷源面积比是指水体、林地、农田和城市绿地里的林地灌木等生态冷源在绿色生态城区中所占的面积比。

2. 评估目的

该指标直接反映出绿色生态城区新鲜冷空气的产生区和汇集区情况，用于衡量绿色生态城区建设前后的热环境和清洁空气产生效果。

3. 适用范围

适用于各类型绿色生态城区。

4. 计算方法

根据绿量和土地利用类型对生态冷源进行等级划分（表 5-1-4）。其中：

绿量的计算方法是利用卫星遥感影像估算归一化植被指数 $NDVI$，进一步采用下式计算得到绿量：

$$S = 1/(1/30000 + 0.0002 \times 0.03^{NDVI}) \tag{5-1-6}$$

式中 S——绿量，m^2；

  $NDVI$——归一化植被指数，即卫星遥感影像中近红外波段的反射值与红光波段的反射值之差比上两者之和。

生态冷源等级划分原则   表 5-1-4

冷源类型	一级	二级	三级	四级
土地利用类型	水体	林地	林地	农田或林地
绿量（m^2）	—	≥20000	16000～20000	农田≥16000 或林地在 12000～16000
含义	强冷源	较强冷源	一般冷源	弱冷源

5. 评判标准

绿色生态城区建成后的生态城冷源面积比例高于建设前且分布均匀，热环境和清洁空气产生效果越好（表 5-1-5）。

生态冷源面积比例评价标准   表 5-1-5

评 价 标 准	评估分数
冷源总面积比有所提高，且一、二级冷源总面积比提高 10% 以上	100
冷源总面积比有所提高，且一、二级冷源总面积有所提高	75
冷源总面积比有所提高，但一、二级冷源总面积比下降	50
冷源总面积比下降，但一、二级冷源总面积比有所提高	25
冷源总面积比下降，且一、二级冷源面积比也下降	0

6. 技术措施

（1）构建生态冷源。具体同 5.1.1 节指标 A1 中技术措施（1）。

（2）修复破损生态冷源。生态冷源表面温度较城市陆地表面温度低，且相比较硬化下垫面，水体、林地、农田等植被地区少人为排放，是相对清洁空气源地，其对城市局地小气候具有一定的改善效果，可以起到降温、增湿、降尘作用。在绿色生态城区内加强对水体、林地、农田、草地的保护，节制砍伐，尽可能地对上述生态冷源进行修复。

5.2　污染物（PM2.5 重点）和特定毒性物质浓度

5.2.1　指标 A4：空气质量达标天数

1. 指标定义

空气质量达标天数是指一年中，空气质量指数达到优和良的总天数。

2. 评估目的

该指标直接反映了绿色生态城区全年空气质量综合水平，也间接反映了绿色生态城区本地污染源的综合排放情况。

3. 适用范围

适用于各类型绿色生态城区。

4. 计算方法

1）大气污染物浓度

利用绿色生态城区内环境监测站监测到的各类污染物浓度数据计算得到。

针对区内无常态化环境监测站点的情况，可通过现场定点观测获得各区域的污染物浓度，也可通过车载 DOAS/FTIR 系统，对主要污染物浓度开展网格化监测，评价污染源（面源）排放特征和排放量，以及对空气质量的影响。

颗粒物和大气污染物输送及时空演变规律，可采用多轴 MAX-DOAS 和激光雷达形成区域污染输送及时空演变监测系统获得，用以掌握在不同天气条件下测量地区的污染物分布特征，并识别高浓度污染气团判断其可能来源及贡献。

2）空气质量指数

空气质量指数（Air Quality Index，简称 AQI）为定量描述空气质量状况的无量纲指数，某一天的 AQI 计算参照《环境空气质量指数（AQI）技术规定（试行）》（HJ 633—2012）。首先按下面公式计算该天的空气质量分指数（Individual Air Quality Index，简称 IAQI）：

$$LAQI_P = \frac{LAQI_{Hi} - IAQI_{Lo}}{BP_{Hi} - BP_{Lo}}(C_P - BP_{Lo}) + IAQI_{Lo} \qquad (5\text{-}2\text{-}1)$$

式中　$IAQI_P$——污染物项目 P 的空气质量分指数；

　　　C_P——污染物项目 P 的质量浓度值；

　　　BP_{Hi}——表 5-2-1 中与 C_P 相近的污染物浓度限值的高位值；

　　　BP_{Lo}——表 5-2-2 中与 C_P 相近的污染物浓度限值的低位值；

　　　$IAQI_{Hi}$——表 5-2-3 中与 BP_{Hi} 对应的空气质量分指数；

　　　$IAQI_{Lo}$——表 5-2-4 中与 BP_{Lo} 对应的空气质量分指数。

空气质量分指数及对应的污染物项目浓度限值见表 5-2-1。

空气质量分指数及对应的污染物项目浓度限值　　　　表 5-2-1

空气质量分指数（IAQI）	污染物项目浓度限值									
	二氧化硫（SO_2）24h 平均/（$\mu g/m^3$）	二氧化硫（SO_2）1h 平均/（$\mu g/m^3$）[1]	二氧化氮（NO_2）24h 平均/（$\mu g/m^3$）	二氧化氮（NO_2）1h 平均/（$\mu g/m^3$）[1]	颗粒物（粒径小于等于 10μm）24h 平均/（$\mu g/m^3$）	一氧化碳（CO）24h 平均/（mg/m^3）	一氧化碳（CO）1h 平均/（mg/m^3）[1]	臭氧（O_3）1h 平均/（$\mu g/m^3$）	臭氧（O_3）8h 滑动平均/（$\mu g/m^3$）	颗粒物（粒径小于等于 2.5μm）24h 平均/（$\mu g/m^3$）
0	0	0	0	0	0	0	0	0	0	0
50	50	150	40	100	50	2	5	160	100	35
100	150	500	80	200	150	4	10	200	160	75
150	475	650	180	700	250	14	35	300	215	115
200	800	800	280	1200	350	24	60	400	265	150
300	1600	(2)	565	2340	420	36	90	800	800	250
400	2100	(2)	750	3090	500	48	120	1000	(3)	350
500	2620	(2)	940	3840	600	60	150	1200	(3)	500

说明：
(1) 二氧化硫（SO_2）、二氧化氮（NO_2）和一氧化碳（CO）的 1h 平均浓度限值仅用于实时报，在日报中需使用相应污染物的 24h 平均浓度限值。

(2) 二氧化硫（SO_2）1h 平均浓度值高于 800$\mu g/m^3$ 的，不再进行其空气质量分指数计算，二氧化硫（SO_2）空气质量分指数按 24h 平均浓度计算的分指数报告。

(3) 臭氧（O_3）8h 平均浓度值高于 800$\mu g/m^3$ 的，不再进行其空气质量分指数计算，臭氧（O_3）空气质量分指数按 1h 平均浓度计算的分指数报告。

从该天各项污染物的空气质量分指数（IAQI）中选择最大值确定为该天的空气质量指数（AQI），当 AQI 大于 50 时将 IAQI 最大的污染物确定为首要污染物。

3）计算空气质量达标天数

对照空气质量指数评价标准（表 5-2-2），确定该天的空气质量指数（AQI）类别，若空气质量指数为优或良类别，则可将该天计入空气质量达标天数。

空气质量指数评价标准　　　　表 5-2-2

空气质量指数	空气质量指数级别	空气质量指数类别及表示颜色	
0～50	Ⅰ	优	绿色
51～100	Ⅱ	良	黄色
101～150	Ⅲ	轻度污染	橙色
151～200	Ⅳ	中度污染	红色
201～300	Ⅴ	重度污染	紫红色
>300	Ⅵ	严重污染	褐红色

5. 评判标准

依据绿色生态城区建设后空气质量达标天数较建设前增加和减少的情况进行评价。建设后较建设前达标天数增加超过 30 天为 100 分，增加 20～30（含）天为 75 分，增加 10～20（含）天为 50 分，增加 0～10（含）天为 25 分，达标天数减少为 0 分。

6. 技术措施

（1）控制工业企业排放。提高区域内工业企业环境准入门槛，禁止在区域内新建、扩建除热电联产以外的燃煤电厂、钢铁厂、水泥厂等污染企业，并利用车载 DOAS 技术等监测手段，实时严查生态城区内工业生产的废气排放情况，对排放超标企业进行整改。

（2）控制机动车排放。限定机动车行驶区域或路径，提供公共交通工具，鼓励自行车、步行出行，在绿色生态城区投放公共自行车或新能源公交系统。

（3）构建空气质量监测系统把握城区空气质量状况。建设环境气象观测站或小型环境气象观测平台，实行实时监测，多层次监测城区内废气和污染物的扩散传输情况，把握城区空气质量状况。

5.3　能源利用与节能减排

指标 A5：能源综合评价指标

1. 指标定义

能源综合评价指标是指区域能源综合利用效率系统的内部结构、外在状态、系统内部各子系统相互间的关系以及节能减排目标的实现程度。

2. 评估目的

该指标用于评价能源综合环境目标和单项环境目标的实现程度。

3. 适用范围

适用于城市新建区、旧城改建区和棕地更新区。

4. 计算方法

能源综合评价指标涉及节能和减排 2 个方面，包含单位 GDP 能耗降低率、新能源消费增加率和 SO_2 排放量降低率 3 个参数，可单独运用，也可综合加权用于评估。

1）单位 GDP 能耗降低率

单位 GDP 能耗降低率采用下列公式计算：

$$F_g = \left(1 - \frac{E_g}{E_{go}}\right) \times 100\%$$ (5-3-1)

式中　F_g——单位 GDP 能耗降低率，%；

E_g——评估期单位 GDP 能耗，吨标煤/万元；

E_{go}——评估基期单位 GDP 能耗，吨标煤/万元。

单位 GDP 能耗是指地区每生产一个单位（万元）的 GDP 所消耗的能源，通过评估区域的能源消费总量除以 GDP 得到。能源消费总量按照能源监测平台的监测数据计算，GDP 根据区域公报数据按照可比价格计算。

2）新能源消费增加率

新能源消费增加率采用下列公式计算：

$$F_c = \left(\frac{E_c}{E_{co}} - 1\right) \times 100\%$$ (5-3-2)

式中　F_c——新能源消费增加率，%；

E_c——评估期新能源消费比例，%；

E_{co}——评估基期新能源消费比例，%。

新能源消费比例是指新能源消费总量占区域能源消费总量的比例。新能源消费总量根据区域内光伏发电、风力发电等新能源装机容量计算。

3）SO_2 排放量降低率

SO_2 排放量降低率采用下列公式计算：

$$F_s = \left(1 - \frac{E_s}{E_{so}}\right) \times 100\%$$ (5-3-3)

式中　F_s——SO_2 排放量降低率，%；

E_s——评估期 SO_2 排放量，万 t；

E_{so}——评估基期 SO_2 排放量，万 t。

SO_2 排放量是根据测得的 SO_2 排放量计算。

5. 评判标准

连续数年监测能源综合评价指标，单位 GDP 能耗降低率、新能源消费增加率

和 SO_2 排放量降低率的数值越大，环境绩效越好。

6. 技术措施

（1）新能源利用。推广天然气、太阳能、空气能和风能等新能源和可再生能源的使用，使可再生能源在能源消费中达到较高比例或较大利用规模，实现节能减排的目标。

（2）能源监测系统。建立能源监测系统，对建筑物节能减排、能源利用实际效果进行跟踪，为今后优化提升节能减排和新能源利用效率提供支撑。

（3）建筑用能评估。结合能源监测系统，建立建筑用能管理体制机制，对建筑能源系统运行能效进行评估，实施建筑用能限额制度，以提升建筑用的能效水平。

（4）阶梯化资源价格。推行差别电价、阶梯式水价等价格政策，提高示范区内资源能源使用效率。

（5）绿色建筑设计。在建筑设计中，通过采用高保温性能的围护结构、室内热量回收技术、利用可再生能源等手段，最大限度地降低建筑采暖能耗，以节约资源。推进绿色建筑、超低能耗建筑等的建设。

第6章
环境绩效评估指标——生物多样性

6.1 整个区域的物种调查

6.1.1 指标B1：维管束植物种数

1. 指标定义

维管束植物种数是指一定区域内的维管束植物物种数量。

维管束植物是植物的一个类群，包括具有维管束构造的蕨类植物、裸子植物、被子植物等。

2. 评估目的

该指标通过评估维管束植物物种数量，反映绿色生态城区内维管束植物的多寡，体现评估区内物种的现状及未来发展趋势。

3. 适用范围

适用于各类型绿色生态城区。

4. 计算方法

调查所有物种类群，通过野外调查得到维管束植物的物种数据，采用下列公式计算：

$$N = D_1 \bigcup D_2 \bigcup \cdots \bigcup D_i \tag{6-1-1}$$

式中　N——评估区域维管束植物物种数，个；

　　　D_i——第 i 个抽样区的物种数，个。

5. 评判标准

绿色生态城区的生态环境优劣与物种数量成正比，不同建设时期维管束植物物种数量不应下降。

6. 技术措施

（1）建设复层混交立体植物群落。根据植物种群共生、循环、竞争生态学原理将乔木、灌木、藤本、草本植物相互配置，充分利用空间资源，建设多层次、多结构、多功能的科学的植物群落，提高绿地的空间异质性，扩大动植物栖息地。

（2）加大环境友好型养护技术应用，少用化学药品。按照"预防为主、科学防控"的原则，在植物养护管理中宜采用生物防治手段，保护和利用天敌，避免使用化学农药、除草剂、杀真菌剂、杀虫剂等。

（3）保持植物自然代谢。尽可能不对自然区域中的乔灌草进行整形修剪；地表及树冠层的老树枯枝，应予以保持；自然落叶自然处理，无须人工清扫，实现循环利用。

（4）建立生物多样性监测体系。应用 GIS 技术和计算机技术等，将生物多样性的空间分布、生长状况和历史演变趋势等信息集成于一体，构建完善的城市公园生物多样性的监测网络和信息管理系统，为合理保护生物多样性提供依据。

6.1.2　指标 B2：乡土植物指数

1. 指标定义

乡土植物指数是指一定区域内的全部维管束植物物种中本地物种所占比例。

2. 评估目的

该指标通过评估本地维管束植物物种数量，体现评估区内物种的现状及未来发展趋势。

3. 适用范围

适用于各类型绿色生态城区。

4. 计算方法

统计评估区域内本地维管束植物种数，包括原有天然分布或长期生长于本地、适应本地自然条件并融入本地自然生态系统的维管束植物，采用下列公式计算：

$$V = \frac{V_b}{V_a} \times 100\% \tag{6-1-2}$$

式中　V——乡土植物指数，%；

　　　V_b——评估区域本地维管束植物物种数，个；

　　　V_a——评估区域维管束植物总物种数，个。

5. 评判标准

绿色生态城区的生态环境优劣与物种数量成正比，不同建设时期的乡土植物指数不应下降。

6. 技术措施

（1）借鉴地带性植物群落，模拟自然群落。参考当地自然植被类型，依据本底调查模拟自然植物群落，构建出结构稳定，生态保护功能强，养护成本低，具有良好自我更新能力的植物群落。

（2）注重维管束植物选择，选择乡土植物。从适地适树的角度出发，营造乡土植物小生境，加强乡土树种的引种驯化的机制，能有效避免地力衰退并能改良土壤，生物间相生相克制约完善。

（3）监控外来物种。组织开展外来物种及入侵生物普查工作，建立完善的外来物种入侵风险检测、评估及快速反应体系，建立报告和公告制度，制定科学的控制方案。

6.1.3　指标 B3：　鸟类物种数

1. 指标定义

鸟类物种数是指一定区域内的鸟类物种数量。

2. 评估目的

该指标通过评估鸟类物种数量，反映绿色生态城区内鸟类物种的多寡，体现评估区内物种的现状及未来发展趋势。

3. 适用范围

适用于生态限建区。

4. 计算方法

通过野外调查得到鸟类物种数据，采用下列公式计算：

$$N = D_1 \cup D_2 \cup \cdots \cup D_i \qquad (6\text{-}1\text{-}3)$$

式中　　N——调查区鸟类物种数，个；

　　　　D_i——第 i 个抽样区的物种数，个。

5. 评判标准

绿色生态城区的生态环境优劣与物种数量成正比，不同建设时期鸟类物种数量不应下降。

6. 技术措施

（1）建立生物廊道。通过沿水系、道路的绿化带建立生物廊道，即连接破碎化生境并适宜生物生活、移动或迁移的通道，可以将保护区之间或与之隔离的其他生境相连，增加开放空间和各生境斑块的连接度，从而减小生境片段化对生物多样性的威胁。

（2）将自然引入城市。在城市中引入自然群落结构机制或建立相似结构的人工群落，营造大面积的森林、草地以及建立相似结构的人工群落，维护自然演进过程，给生物提供更多的栖息地和更便利的生境空间。

（3）注重吸引动物的植物选择。遵循生态学原理，仿效自然群落机制进行绿化树种间特别是食源树种间的配置，并顾及各季节甚至各月份间鸟类食源的均衡性。应充分考虑景观效应和生态效应，充分考虑植物的物候期，在保证视觉上绿化美观效应的同时，注重蜜源植物、虫媒植物和招鸟植物的选择。

6.2　生境的变化

6.2.1　指标 B4：　生境破碎化指数

1. 指标定义

生境破碎化指数是指生境被分割的破碎程度。

2. 评估目的

该指标通过评价生境破碎化程度，反映绿色生态城区建设对生境的影响。

3. 适用范围

适用于城市新建区、旧城改建区。

4. 计算方法

利用专业遥感处理软件 ENVI，对生境斑块的影像特征采样和分析，快速获取其空间特征。利用 ENVI 影像分类方法，提取影像监督分类的样本建立分析模型，对多期影像的分类结果，设置分类变化类型，然后进行差异对比分析。分析的结果进行过滤处理，把小面积的图斑与大面积图斑进行过滤、合并，得到相对较为集中、面积较大的图斑，并可进一步由栅格图转换为矢量图。最后提取绿色生态城区周边用地数据。通过统计各类型斑块数与面积，计算生境破碎化程度。生境破碎化指数采用下列公式计算：

$$FI = (Np - 1)/MPS \qquad (6\text{-}2\text{-}1)$$

式中 FI——生境破碎化指数；

Np——生境斑块总数，个；

MPS——评估区平均斑块面积，km^2。

5. 评判标准

绿色生态城区生境破碎化指数的取值从 $0\sim1$；0 代表无生境破碎化存在，而 1 代表生境已完全破碎化。生境破碎化指数不应上升。

6. 技术措施

城市化对城市生物多样性的最大威胁就是生境破碎化，使原生或人工群落间支离破碎，变成孤立的"岛屿"。应根据景观生态学基底—斑块—廊道理论，在城市绿地系统规划和建设中，合理规划布局城市绿地系统，通过绿地点、线、面、垂、嵌、环相结合，建立城市生态绿色网络。

6.2.2 指标 B5： 代表物种生境变化率

1. 指标定义

代表物种生境变化率是指一定区域中代表物种的生境面积变化。

2. 评估目的

该指标通过统计种群数量和栖息地的变化，反映不同生境中生物多样性的变化。

3. 适用范围

适用于生态限建区。

4. 计算方法

通过遥感和实地调查获得代表物种生境数据，采用下列公式计算：

$$B = \frac{B_a - B_b}{B_b} \times 100\% \qquad (6\text{-}2\text{-}2)$$

式中　B——代表物种生境变化率，%；

　　　B_a——评估期代表物种生境面积，km^2；

　　　B_b——评估基期代表物种生境面积，km^2。

5. 评判标准

评估区不同时期代表物种生境变化率的绝对值不应过大。

6. 技术措施

（1）保护栖息地，封山育林。通过实施封山育林，维护植物群落的物种组成、使群落结构更加稳定，为植被的恢复提供了良好的生态环境，促进了植被恢复，使物种不断地增加，加速了封育区内物种多样性的恢复，显著提高了生物多样性，维护了生态系统的平衡。

（2）建立自然保护区或自然保护小区。代表物种与环境关系非常密切，许多国家都已将鸟类等动物作为一种评价城市环境好坏的指标。因此要保护生物多样性就要从保护栖息环境开始，通过建设保护区或保护小区，保护好既有栖息地使其发挥良好的功能是最基本最有效的途径，尽可能地减少对栖息环境的影响。

（3）保护栖息地，制定园林绿化资源生态红线。结合生态保护红线划定，绘制完成生态资源现状图，摸清资源底数，科学划定和全面落实园林绿化资源生态红线，做好与土地利用规划、城市控制性规划多规合一的衔接工作；调整完善相关制度，研究制定生态保护红线范围内园林绿化资源严格保护管理的相关政策和办法，构建"一张图"管理的生态空间规划体系。

（4）生物防治害虫。按照"预防为主、科学防控"的原则，在植物养护管理中宜采用生物防治手段，保护和利用天敌，避免使用化学农药、除草剂、杀真菌剂、杀虫剂等。通过构建复杂的种类组成和结构，绿化植物—病虫害—天敌—环境相互作用制约，形成病虫害生态调控机制。

6.3　生态系统多样性

6.3.1　指标 B6：绿化覆盖率

1. 指标定义

绿化覆盖率是指绿化植物垂直投影面积占区域总面积的百分比。

2. 评估目的

该指标从时间和空间 2 个尺度反映森林生态系统和绿化水平。

3. 适用范围

适用于各类型绿色生态城区。

4. 计算方法

通过遥感解译获得数据，采用下列公式计算：

$$R = \frac{G_v}{A} \times 100\%$$ （6-3-1）

式中　R——绿化覆盖率，%；

　　　G_v——评估区域绿化植物垂直投影面积，km^2；

　　　A——评估区域总面积，km^2。

5. 评判标准

绿色生态城区的生态环境优劣与绿化覆盖率成正比，不同建设时期绿化覆盖率数值不应下降，且分布均匀。

6. 技术措施

（1）将自然引入城市。具体同 6.1.3 节指标 B3 中技术措施（2）。

（2）划定园林绿化资源生态红线。结合生态保护红线划定，绘制完成生态资源现状图，摸清资源底数，科学划定和全面落实园林绿化资源生态红线，做好与土地利用规划、城市控制性规划多规合一的衔接工作；调整完善相关制度，研究制定生态保护红线范围内园林绿化资源严格保护管理的相关政策和办法，构建"一张图"管理的生态空间规划体系。

（3）规划建绿。具体同 6.2.1 节指标 B4 中技术措施（1）。

6.3.2　指标 B7：天然林面积比例

1. 指标定义

天然林面积比例是指天然林面积占区域总面积的百分比。

2. 评估目的

该指标反映绿色生态城区建设而产生的天然林面积变化，用于衡量生态环境保护的有效性和城市生态系统的稳定性。

3. 适用范围

适用于生态限建区。

4. 计算方法

通过遥感解译结合林业小班图获得数据，采用下列公式计算：

$$F = \frac{F_a}{A} \times 100\%$$ （6-3-2）

式中　　F——天然林面积比例,%;

　　　　F_a——评估区域天然林面积,km^2;

　　　　A——评估区域总面积,km^2。

5. 评判标准

绿色生态城区的生态环境优劣与天然林面积比例成正比,不同时期天然林面积比例不应下降。

6. 技术措施

(1) 可持续管理天然林,封山保育。遵循森林演替更新规律,积极持续保护森林各组分的组成和结构的多样性;在森林保护中实施生态系统经营和景观管理,充分考虑一定的时空条件下的森林结构及其生态过程,发挥森林的多种效能。

(2) 编制林地保护规划。为了科学、高效、合理保护和利用林地资源,保障社会经济的可持续发展,通过合理编制林地保护利用规划,明确生态建设和林业发展空间,落实林地用途管制,优化林地结构布局。

(3) 划定园林绿化资源生态红线。具体同 6.3.1 节指标 B6 中技术措施 (2)。

(4) 生态效益补偿政策。通过公众参与,制定生态效益补偿费政策;建立农民生态效益补偿与森林资源管护责任相挂钩的考核奖惩机制。

6.3.3　指标 B8:典型湿地面积比例

1. 指标定义

典型湿地面积比例是指典型湿地面积占区域总面积的百分比。

2. 评估目的

该指标反映城市生态建设对湿地生态系统的影响,用于衡量生态环境保护的有效性和城市生态系统的稳定性。

3. 适用范围

适用于生态限建区。

4. 计算方法

通过遥感解译获得数据,采用下列公式计算:

$$W = \frac{W_{ta}}{W_a} \times 100\% \qquad (6\text{-}3\text{-}3)$$

式中　　W——典型湿地比例,%;

　　　　W_{ta}——评估区域典型湿地面积,km^2;

　　　　W_a——评估区域湿地总面积,km^2。

5. 评判标准

绿色生态城区的生态环境优劣与典型湿地面积比例成正比,不同时期典型湿地面积比例不应下降。

6. 技术措施

（1）浅滩营造。在湿地水岸设计建设中，将陡直的岸线改成缓坡，能够增加水陆的过渡带，增加浅滩面积，为多种植物、昆虫和无脊椎动物提供适宜生境。浅滩也是多种湿地鸟类觅食栖息的地带。

（2）生态边岸。在坡度不大或水流较慢的情况下，只使用树桩、捆柴、活的植物等材料营造出柔性的生态护岸。而在坡度较大的斜坡或者水流较急的堤岸，则需植物与多空连锁混凝土块、砌石块、蛇笼等多空隙材料共同构成护坡系统。

第 7 章

环境绩效评估数据库框架

根据 4 个专项的评估指标，梳理相应需采集的数据，并明确各数据的类别、内容、采集方式和采集周期等，利于定期持续的开展数据采集工作。

土地利用评估指标见表 7-1。

土地利用评估指标

表 7-1

类别	指标名称	数据名称	数据类型	采集方式	备注
限制发展区域保护	综合径流系数	土地利用现状图	栅格型	国土局提供，卫星影像解译获得	
		土地利用规划图	栅格型	规划局提供	
	生态系统服务功能总价值	土地利用现状图	栅格型	国土局提供，卫星影像解译获得	多次使用
		植被指数	栅格型	卫星遥感影像解译，反演获得	
		叶面积指数	栅格型	卫星遥感影像解译，反演获得	
	地均污染物净输出量	常住人口	数值型	公安局提供，户籍人口和暂住人口推算	根据常住和旅游人口推算
		宾馆接待能力	数值型	宾馆的住宿床位数	
		游客出行分担率	数值型	实地调查，部分统计资料	
	TOD 集约开发度	GDP 产出量	数值型	街道和统计部门以街道为单位的历年 GDP 数据	
		建设用地面积	数字型	建设用地数据的文献资料，整理规划和国土部门提供的 CAD 数据计算用地规模数据	
		TOD 建设用地内总建筑面积	数字型	GIS 建筑分布图，TOD 总建筑面积	
		TOD 建设用地面积	数字型	建设用地数据的文献资料，整理规划和国土部门提供的 CAD 数据计算用地规模数据	
		TOD 居住用地面积	数字型	居住用地数据的文献资料，整理规划部门提供的 CAD 数据计算用地规模数据	
		全区居住用地面积	数字型	居住用地数据的文献资料，整理规划部门提供的 CAD 数据计算用地规模数据	
		TOD 公共服务设施用地面积	数字型	公共服务设施用地数据文献资料，整理规划部门提供的 CAD 数据计算用地规模数据	
		全区公共服务设施用地面积	数字型	公共服务设施用地数据文献资料，整理规划部门提供的 CAD 数据计算用地规模数据	
	公园绿地可达性	生态城土地利用现状图	栅格型	遥感影像、航拍图解析，数字化；比对土地现状，出让情况，获得用地的空间位置及范围	
		生态城公园绿地分布图	栅格型	通过遥感影像或土地利用现状图获取公园，获得公园绿地的空间位置及范围，利用 GIS 测算各绿色的可达性	

续表

类别	指标名称	数据名称	数据类型	采集方式	备注
土地生态修复	土地污染综合指数	污染场地所有污染物	数值型	污染场地污染物浓度检测或相关部门历史监测数据	有资质第三方检测或专业监测技术人员取样，按相关检测标准进行检测，检测数据经专家审核
	污染物场地地下水监测达标率	《地下水环境质量标准》(GB/T 14848—93)指标	数值型	环保、水利部门监测数据	
	已修复治理土地比例	修复用地置换面积	数值型	实地调查核实修复土地情况	
	污染性工业用地变化	污染工业用地总规模	栅格型	文献资料、整理国土部门提供的CAD数据	
	"城市矿山"开发利用率	垃圾排放量、人口	数值型	统计年鉴、市容管理部门数据	
		处理类型、资源化率	数值型	统计年鉴、市容管理部门数据	
		无害化处理量\设施数量	数值型	统计年鉴、市容管理部门数据	

水资源保护评估指标见表7-2。

水资源评估指标 表 7-2

类别	指标名称	数据名称	数据类型	采集方式	备注
水质变化	水质基本项目核查	1. 《地表水环境质量标准》(GB 3838—2002)，24项指标； 2. 《地下水环境质量标准》(GB/T 14848—93)，39项指标； 3. 《生活饮用水标准检验方法》(GB/T 5750)，106项指标	数值型	环保、水利部门监测数据	
	水质特征污染物指示	氨氮、化学需氧量	数值型	对特定污染物进行专门监测	

续表

类别	指标名称	数据名称	数据类型	采集方式	备注
水质变化	水质平均污染指数	江河及溪流的水质监测指标共22项，其中以溶解氧、化学需氧量、五日生化需氧量、氨氮、总磷、氟化物6项指标进行重点评价分析，湖泊的水质监测指标在江河溪流的22项指标的基础上增加总氮进行评价	数值型	环保、水利部门监测数据测算	统一采用《地表水环境质量标准》（GB 3838—2002）Ⅳ类标准计算水质平均污染指数（WQI）
	综合营养状态指数	叶绿素a（chla）浓度、总磷（TP）浓度、总氮（TN）浓度、透明度（SD）和高锰酸盐指数（CODMn）5项指标数据	数值型	环保、水利部门监测数据测算	
污水处理	生活污水处理率	污水集中处理量	数值型	城市污水治理整体规划，污水厂处理数据	
		污水总产生量			
	工业废水处理率	全年废水处理量	数值型	污染源普查，环境统计结果计算	
		全年废水产生量			

局地气象与大气质量评估指标见表7-3。

局地气象与大气质量评估指标

表7-3

类别	指标名称	数据名称	数据类型	采集方式	备注
风环境、热环境与污染传播	通风潜力指数	区位置示意图	图片图层	规划部门	为通风评估提供基础土地用地数据，同热岛比例指数和大气污染物排放量指标
		控制性详细规划图			
		土地利用功能现状与规划图			
		城市类用地按不透水面积百分比分为低密度、中密度和高密度3种类型	栅格型	Landsat-TM卫星资料反演测算	更新数值天气预报模式WRF中，美国地质调查局（USGS）原有的30s水平分辨率全球资料（1992—1993年）中的旧城市土地利用
		Landsat-TM 30m分辨率遥感数据		网上下载	同热岛比例指数和生态冷源分布指标
		Rapideye 5m分辨率遥感影像数据		公司购买	
		1：2000建筑物信息		（保密数据）	

续表

类别	指标名称	数据名称	数据类型	采集方式	备注
风环境、热环境与污染传播	通风潜力指数	国家级气象站30年整编气候资料（1981～2010年）	数字型	气象局	
		风向、风速资料		气象局	自动气象站多年观测的逐小时、逐分钟数据
		全球再分析资料（Final Operational Global Analysis，FNL）		美国国家环境预报中心（NCEP）	生成数值天气预报模式WRF的气象初始场
	热岛比例指数	区位置示意图	图片图层	规划部门	同通风潜力指数和大气污染物排放量指标
		控制性详细规划图			
		土地利用功能现状与规划图			
		Landsat-TM 30m分辨率遥感数据	栅格型	网上下载	同通风潜力指数和生态冷源面积比指标
	热岛强度	气温	数值型	气象站温度监测数据	逐日、逐时气象资料
	生态冷源面积比	Landsat-TM5数据和Landsat-TM 30m分辨率遥感数据	栅格型	网上下载	同通风潜力指数和热岛比例指数指标
		风云三号A（FY-3A）星	栅格型	气象卫星地面站	
污染物（PM2.5重点）和特定毒性物质浓度和成分	大气污染物排放量	区位置示意图	图片图层	规划部门	同通风潜力指数和热岛比例指数指标
		控制性详细规划图			
		土地利用功能现状与规划图			
		SO_2、NO_2及挥发性有机化合物（VOC）柱浓度数据	数字型	车载DOAS和车载FTIR技术观测	
		颗粒物垂直廓线和SO_2、NO_2柱浓度及廓线		激光雷达和MAX-DOAS在地基定点观测	
		臭氧、氮氧化物浓度		气象环保部门监测数据	
	空气质量达标天数	PM2.5浓度、NO_2浓度资料	数字型	环保局网站及海珠生态环境气象监测站	逐时
	PM2.5平均浓度及其空间分布	PM2.5浓度及各组分浓度	数字型	PM2.5 24h膜采样试验、环境气象应急车定点观测	每月15日统计PM2.5浓度及各组分浓度
能源利用与节能减排	能源综合评价指标	区域内典型建筑的采暖、空调、照明能耗	数字型	文献调研、现场考察	

生物多样性评估指标见表 7-4。

生物多样性评估指标　　　　　　　　　　表 7-4

类别	指标名称	数据名称	数据类型	采集方式	备注
物种多样性情况	物种丰富度	陆生野生脊椎动物物种数量	数字型	通过实地调查获得（方法因物种类别而异，如鸟类可用样线法、样点法，两栖爬行类可用样方法）；查阅文献资料（近10年的，涵盖此地区的动物志、专著、调查报告、相关论文或观鸟会的鸟种报告等）	调查人员需具有知识背景，所获得的数据应经过相关专家审定
		生态城区脊椎动物种数			
		生态城区鸟类物种数			
		所在地区鸟类物种总数			
		生态城区高等植物种数			
		生态城区内本土植物物种数			
		所在地区植物物种总数			
	外来物种入侵度	外来物种数量和种群数量	数字型	采用样线法实地调查	
关键指示物种变化	区域中代表性、指示性物种变化	白鹭分布与密度	数字型	采用样线法实地调查，利用或计算调查数据	
		沼水蛙分布与密度			
生境的变化	生境破碎化程度	生境破碎化斑块数据	数字型	实地调查结合遥感图解	
		公路通车里程		遥感影像、航拍图解译计算；生态城市规划方、道路管理部门等相关部门数据	
		陆地面积		测绘部门、规划部门等；遥感图解译	
		代表物种栖息地面积		实地调查，遥感影像解译，利用生境适宜性评价方法，计算后获得	
	生态系统多样性	森林、草原面积	数字型	实地调查测量；遥感影像、航拍图解译，数字化后计算；文献资料、调查报告、档案记录	
		区域总面积		测绘部门、规划部门数据；遥感图解译	
		天然林面积		实地调查，遥感图解译；林业部门调查	
		湿地面积		遥感影像数字化解译；生态城市规划、水利部门数据	
		典型湿地面积		遥感影像或航拍图解译，数字化后计算，实地调查矫正；生态城市规划方、水利部门等数据	

第8章

环境绩效评估案例（一）： 北京雁栖湖
生态发展示范区

8.1 项目概况

8.1.1 基本情况

北京雁栖湖生态发展示范区（以下简称示范区）位于北京市区东北部，地处怀柔区雁栖镇，南邻怀柔新城集中城市建设区，是红螺山—雁栖湖市级风景旅游度假区的东区，首都机场以北 45km。示范区规划用地总面积为 21km²，建设面积 8.4km²（图 8-1-1）。

示范区原身以雁栖湖旅游风景区为主，包含多个会议中心、旅店、度假村、垂钓园等。2010 年 4 月示范区项目正式启动，以打造国际一流的生态发展示范、首都国际交往职能的重要窗口和北京高品质生态文化休闲胜地为目标。2013 年 10 月，雁栖湖生态发展示范区被正式确认为 2014 年 APEC 领导人非正式会议的举办地。

图 8-1-1 雁栖湖生态发展示范区位置图

8.1.2 规划概要

1. 示范区规划的功能定位

根据 2010 年 3 月编制完成的《北京雁栖湖高端国际会议中心概念规划》，怀柔雁栖湖地区是承担首都国际交往职能的重要功能区；是北京建设国际会展之都的重要组成部分；是具有国际峰会举办能力的高端会议中心，满足举办国家领导人峰会、国际组织高端会议、跨国企业总部会议等功能；是高品质的风景旅游和文化休闲胜地，推进国际旅游重点城市建设，成为知名旅游景区。同年 5 月，《北京雁栖湖生态发展示范区整体环境建设规划及景观设计方案征集》指出，示范区应至少包括旅游集散、信息咨询中心、娱乐休闲和商务会议 4 种主要功能。2010 年 10 月 8 日，《北京雁栖湖生态发展示范区整体规划》提出示范区的 3 大目标：国际一流的生态发展示范区，首都国际交往职能的重要窗口和北京高品质生态文化休闲胜地。

2012 年，《北京主体规划区规划》提出示范区到 2020 年的发展任务是：强化生态涵养和水源保护功能，生态环境建设重点任务全面完成，特有的水生生物资源和栖息地得到有效保护，山川秀美、水清岸绿的优美风景基本形成，部分地区打造大地景观，形成优美的田园风光；促进生态和产业协调发展，产业结构更加优化，生态友好型产业体系基本建立（图 8-1-2）。

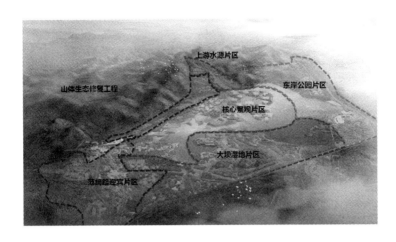

图 8-1-2　雁栖湖生态发展示范区片区划分示意图

2. 示范区的生态建设

示范区以保护和提升地区生态环境品质作为首要发展目标，在城市建设用地规划前进行了生态基础设施研究，最大限度地、高效地保障自然和生物过程的完整性和连续性，并给城市发展留出足够的空间。示范区生态基础设施规划明确了生态安全控制引导，包括大气污染控制、水安全规划控制、生物安全控制、生态安全格局控制以及生态廊道控制 5 个方面。主要内容包括：积极改变原有能源结构，推广清洁能源使用，并加强对建筑施工扬尘的控制和对规划区内餐饮业等的油烟管理，以空气质量达到国家一级标准为目标；加强降水源头控制和污水后续处理，严格控制入湖污染物，建设水处理湿地，以保证湖体水质达到国标 Ⅱ 类水质标准，并保证水系良性循环；重视动植物栖息地的保护与恢复，尤其是栎属植物和大雁的栖息地，同时建立各类动物通道、阻隔设施、栖息生境和标识系统。将生态廊道划分为自然生态系统保护、主要景观展示界面和雨水径流廊道 3 个等级，并制定相应的保护和控制措施等。

8.1.3　建设实施情况

1. 绿色建筑示范工程

按照规划，示范区所有新建建筑都按照绿色建筑三星级标准规划设计及建设施工，所有既有建筑也通过绿色生态改造达到绿色建筑要求。目前，会议使用的核心会议岛、日出东方酒店、会议中心等建筑均已正式投入使用，区内的中科院大学、雁栖湖新建小镇、红楼梦古都文化园二期等工程也已竣工（图 8-1-3）。

2. 交通保障工程

雁栖湖生态发展示范区内的交通工程已完成建设，包括对外联络线交通保障工程和环湖路及内部广场。工程采用了路基废旧路面、建筑垃圾再利用、生态边沟和

图 8-1-3 雁栖湖会议中心

低势绿地等绿色技术。示范区环湖路、停车场及广场还采用了透水沥青路面、高承载透水地面和高承载植草地面。

图 8-1-4 大坝南侧安装太阳能光伏发电系统

3. 新能源利用

示范区内在日出东方酒店等建筑上开展太阳能利用。一方面，结合建筑设计设置太阳能热水器，利用太阳能光热技术，为建筑提供生活热水。另一方面，结合建筑、道路路灯、室外小品设施，设置太阳能电池、风光互补设施，利用太阳能光电技术提供照明用电。同时，在雁栖湖堤坝南侧建设太阳能板并规划接入电网来利用太阳能（图 8-1-4）。

4. 沿线环境景观工程

示范区建设了城区到会议旅游区主要道路两侧的两条景观轴线，原有耕地、林地、园地等被改造成为景观水体、各类花卉植物等（图 8-1-5）。

5. 污水处理及截污

示范区一方面在雁栖湖上游设置湿地等截污工程来进一步处理上游度假村的生活和养殖污水，避免对雁栖湖水质造成影响。另一方面，将区内的污水经过管道收集后排放到下游的庙城污水厂进行统一处理，处理后的水质达到再生水标准。

图 8-1-5　会都路景观工程

6. 雨水收集利用

雨水收集利用主要包括以下 4 个方面：建筑屋面雨水收集、透水铺装下设蓄水池收集、绿地下设雨水蓄水池收集和生态植物边沟。

7. 绿化工程

工程自 2013 年春季启动，截至目前已全面完工，共完成绿化面积 395.5hm²，栽植苗木 52.4 万株，达到了《城市园林绿化评价标准》一级标准。示范区内乔灌木和花草种类达到 180 余种，堪比一座大型植物园。

8.1.4　环境影响的关键点

1. 土地

示范区的建设，一方面通过对原有村镇的搬迁，减少村镇建设用地，从而减少了常住人口对雁栖湖的环境影响，对区域生态环境带来了正效应；另一方面，为了维持雁栖湖示范区的可持续发展，引入了会展、旅游等产业，规划了商业服务业设施用地、公共管理与公共服务业用地。

土地用途的改变带来了大量的流动人口，对区域生态环境带来了负效应。同时，示范区规划范围内旧村庄用地的改造搬迁和使用功能的改变也对示范区土壤环境产生影响。因此，示范区的环境会受到硬质化覆盖率、土地生态服务方面的价值和污染物的消纳能力 3 个方面的影响。

2. 水

示范区内的雁栖河（含雁栖湖）为饮用水水源区，主导功能为饮用，保障水域功能和水质目标是示范区环境保护的重中之重。由于雁栖河是由北部注入雁栖湖，水在湖内部绕流湖西部的半岛，从湖的南侧流出。受地形限制，在湖的西南侧易形成死水区，水体交换周期较长，水质较差。同时，核心岛和周边会展、旅游等设施建设后流动性人口的显著增加，也会导致污染负荷的增加，从而进一步恶化湖西侧的水质。

示范区为改善水环境，采取了一系列改善措施，包括雁栖湖水系局部改造工程，通过建设沟通水系，有效改善湖区的水动力条件，从而增加水体更新和污染物降解转化的速度；为进一步从源头提高雁栖湖的入水水质，对雁栖河上游沿岸村庄的污水处理设施升级改造，严格要求餐饮单位的污水水质，以及修复河道生态；由于生态区区域的污染物种类和数量会产生一定变化，示范区建设对市政污水收集和处理系统进行了相应的更新。这些改善措施将有效降低示范区建设对水环境的影响。

3. 局地气象与大气质量

示范区的一系列建设在局地气象、大气质量和能源消耗方面产生了新的影响。一是用地性质的转变，改变了天空开阔度、地表粗糙度和城市空间布局，对该地区的空气流通、气流交换、盛行风、山谷风、冷空气产生区/滞留区等方面造成了影响。二是控制流动人口规模，降低大气污染物、能源消耗和热岛效应。虽然原有村庄的迁移降低了常住人口的数量，但是建设完成后的会议、会展区域会大大提高流动人口的数量。流动人口的数量变化在一定程度上与大气污染物量、能源消耗量和热岛效应有相关性，以上波动会产生新的环境问题。

4. 生物多样性

示范区建设前期，农村的搬迁使得乡村道路数量有所减少，提高了生态栖息地的完整性，对生物栖息地是一个良好的影响。建设期间，施工方法、施工区域、施工时间等会对生物多样性产生影响，影响方式包括栖息地的直接破坏和改变，迁徙通道的阻断，水质污染，噪声污染等。因为雁栖湖是雁鸭类的主要越冬地和迁徙停歇地，所以施工过程中也会对迁徙通道产生影响。此外，植物物种多样性的现状良好，所以若示范区内的人工植树状况不佳，会对原有植物生态系统，甚至生态系统整体产生负面影响。

8.2 土地利用绩效评估

8.2.1 评估目标

雁栖湖生态发展示范区所在的怀柔区属于生态涵养发展区，是首都生态屏障和重要水源保护地，属于在城市限建区内发展的生态示范区。该示范区建设的核心目标是污染物削减（削减规划范围内外的）、生态价值提升（区域内土地用途改变后能否提升生态价值）。对示范区建设的环境绩效评估应关注土地利用变化是否与生态城自身应承担的生态功能相矛盾，是否维持了自身限制发展区的生态涵养功能，以及是否对改善区域环境起到了积极的作用。

8.2.2 评估思路

根据示范区建设开发在土地利用方面对环境的影响，对于土地利用方面的绩效评估内容主要包括土地利用的变化和对土地的修复治理2个方面。

1. 土地利用变化

针对该示范区的特点，土地利用变化带来的环境绩效影响分为3个方面：

（1）建设用地的增加带来的影响。建设用地会改变地面植被覆盖的状态，从非硬质地面变为硬质地面，从而改变地区的下垫面，因此选用综合径流系数进行表征。

（2）非建设用地减少带来的影响。非建设用地是示范区承担生态服务职能的主体。城市建设不仅影响非建设用地的数量，同时还可能通过改变植被结构及其他原因影响非建设用地质量，因此选用生态服务总价值（GEP）表征。

（3）建设用地增加和非建设用地减少叠加带来的综合影响。非建设用地是削减污染区的重要载体，而建设用地的变化带来人类活动强度的变化，必然反馈到污染物的产生上，因此选用地均污染物净输出量指标来综合表征。

2. 土地修复治理

以城市生态建设中土地修复治理的绩效为评价目标，从土地的修复治理和修复土地再开发的生态环境建设2个方面，提出生态城市建设土地修复治理的环境绩效指标：已修复治理土地比例、土地综合污染指数、地下水监测达标率和绿化覆盖率。

8.2.3 评估结果

1. 土地利用变化

北京雁栖湖生态发展示范区面积为21km²。2010年（示范区建设前）用地结构构成为耕地23.2hm²，占总面积的1.11%；园地219.2hm²，占总面积的10.45%；林地1148.7hm²，占总面积的54.78%；草地11.7hm²，占总面积的0.56%；交通运输用地53.1hm²，占总面积的2.54%；水域279.1hm²，占总面积的13.31%；其他用地（裸地）15.8hm²，占总面积的0.75%；建设用地345.8hm²，占总面积的16.49%（图8-2-1、表8-2-2）。

2013年（示范区建设后），用地结构构成为耕地18.0hm²，占总面积的0.86%；园地118.1hm²，占总面积的5.64%；林地1068.2hm²，占总面积的50.94%；草地8.3hm²，占总面积的0.40%；交通运输用地49.9hm²，占总面积的2.36%；水域269.5hm²，占总面积的12.85%；其他用地（裸地）2.9hm²，占总面积的 0.14%；建设用地 562.2hm²，占总面积的 26.81%。建设后除建设用地显著增长外，其余用地类型均不同程度减少，建设用地比重由建设前 16.49% 上升至 26.81%（图 8-2-1、表 8-2-1）。

2010~2013 示范区建设前后用地结构变化   表 8-2-1

用地类型	2010 年 面积（m²）	2010 年 百分比	2013 年 面积（m²）	2013 年 百分比	变化
耕地	232244.73	1.11%	180875.20	0.86%	−0.25%
园地	2192021.60	10.45%	1181722.15	5.64%	−4.81%
林地	11487825.75	54.78%	10682985.99	50.94%	−3.84%
草地	117529.49	0.56%	83641.45	0.40%	−0.16%
交通运输用地	531690.29	2.54%	494117.05	2.36%	−0.18%
水域及水利设施用地	2791492.20	13.31%	2695003.25	12.85%	−0.46%
其他土地	158279.84	0.75%	29498.38	0.14%	−0.61%
建设用地	3458700.87	16.49%	5621941.31	26.81%	10.32%
合计	20969784.78	100.00%	20969784.78	100.00%	

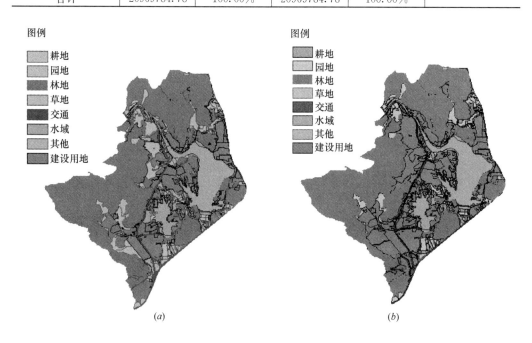

图 8-2-1   2010 年和 2013 年雁栖湖生态发展示范区土地利用结构图
(a) 2010 年；(b) 2013 年

示范区从生态环境变化的不同类型可将土地利用分为四类，分别是非建设用地变为建设用地，建设用地变为非建设用地或公园，建设用途改变，自然环境变为人工环境。

1) 综合径流系数

基于雨洪管理模型（SWMM）对北京雁栖湖生态发展示范区建设前水文条件，建设后传统开发模式，以及加载 LID 开发模式下的水文条件进行模拟，比较开发建设前后综合雨量径流系数的变化，以评估雁栖湖生态发展示范区建设后，低影响开发设施对示范区环境绩效的影响作用。模拟计算时分别设置降雨重现期为 5 年一遇、20 年一遇、50 年一遇 3 类重现期情景，使用北京市暴雨强度公式，设置降雨时间为 180min，时间步长为 5min 进行模拟计算，得到模拟结果见表 8-2-2 所列。

不同情景模拟下综合径流系数汇总　　　　　　　　　　　　　表 8-2-2

情景模型	5 年一遇	20 年一遇	50 年一遇
示范区建设前	0.360	0.371	0.392
示范区建设后（未 LID）	0.409	0.427	0.438
示范区建设后（利用 LID）	0.397	0.403	0.409

由表 8-2-2 可以看出，示范区的建设改变了原来该地区的下垫面结构，使得建设用地的比重显著增加，在不进行低影响开发设施的应用时，该区域的综合径流系数将显著提高；根据规划设计和现状建设情况，增加示范区运用的各项低影响开发措施，可在一定程度上减少下垫面结构改变带来的负面影响，降低综合径流系数。总体来说，通过各类低影响开发措施和设施，示范区内的综合径流系数能够得到一定控制。

未来，在具体地块建筑建造或改造中，可借助 SWMM 模拟 LID 开发模式下的区域水文状态的支持，对示范区内的建设项目 LID 设施进行进一步优化和补充，可进一步降低各类建设对于综合径流系数的影响。

2）生态服务总价值（GEP）

根据怀柔区国土局提供的 2011 年和 2013 年的土地利用数据，基于目前较为成熟的生态服务价值计算方法，将现状的土地利用分类归并为林地、草地、耕地、水域、建设用地和未利用地 6 类。

其中铁路用地、公路用地、农村道路、水工建筑用地、设施农用地、城市、建制镇、村庄、采矿用地、风景名胜及特殊用地等用地计入城市建设用地，其生态服务价值为 0；将裸地计为未利用地；将水浇地、旱地、果园、其他园地、田埂等计为耕地；将人工牧草地、其他草地计为草地；将有林地、灌木林地、其他林地计为林地；将河流水面、水库水面、坑塘水面、内陆滩涂、沟渠等计为水域（表 8-2-3、表 8-2-4）。

用地分类合并一览表　　　　　　　　　　　　　表 8-2-3

原地类代码	原地类名称	新地类代码	新地类名称
101	铁路用地	1	建设用地
102	公路用地	1	
104	农村道路	1	
118	水工建筑用地	1	
122	设施农用地	1	
201	城市	1	

续表

原地类代码	原地类名称	新地类代码	新地类名称
202	建制镇	1	建设用地
203	村庄	1	
204	采矿用地	1	
205	风景名胜及特殊用地	1	
127	裸地	2	未利用地
12	水浇地	3	耕地
13	旱地	3	
21	果园	3	
23	其他园地	3	
123	田坎	3	
42	人工牧草地	4	草地
43	其他草地	4	
31	有林地	5	林地
32	灌木林地	5	
33	其他林地	5	
111	河流水面	6	水域
113	水库水面	6	
114	坑塘水面	6	
116	内陆滩涂	6	
117	沟渠	6	

2011 年和 2013 年用地分类表　　　　表 8-2-4

用地分类（hm²）	2011 年	2013 年
林地	1142.5	1067.5
草地	9.8	8.8
耕地	239.6	137.1
水域	265.6	257.9
未利用地	1.3	1.3
建设用地	438.2	624.3
合计	2097.0	2097.0

　　根据谢高地计算方式中的中国生态系统单位面积服务价值当量（2007）进行生态当量的赋值。由于该方法所提的生态当量为全国平均数，因此要针对北京地区的实际情况对生态当量进行修正。为了更为细致地反映生态系统服务价值的空间差

异，在单元格尺度的生态服务价值修订中，选取叶面指数为指标，进行逐单元格的生态系统服务价值修订。由于水域、城镇工矿交通、滨海湿地、荒地等的植被稀少，故只对农田、森林、草地生态系统的服务功能作进一步的修订。经计算，2011年和 2013 年各类用地的生态服务价值当量见表 8-2-5 和表 8-2-6。

2011 年各类用地的生态服务价值当量 表 8-2-5

	林地	草地	耕地	水域	未利用地	建设用地	合计
面积	1142.5	9.8	239.6	265.6	1.3	438.2	2097.0
食物生产	377.0	4.2	239.6	140.8	0.0	0.0	761.7
原材料生产	3404.6	3.5	93.5	93.0	0.1	0.0	3594.6
气体调节	4935.5	14.6	172.5	135.5	0.1	0.0	5258.2
气候调节	4649.9	15.2	232.5	547.2	0.2	0.0	5444.9
水文调节	4672.7	14.8	184.5	4985.5	0.1	0.0	9857.6
废物处理	1965.1	12.9	333.1	3944.3	0.3	0.0	6255.6
保持土壤	4592.8	21.9	352.3	108.9	0.2	0.0	5076.0
维持生物多样性	5152.6	18.3	244.4	911.0	0.5	0.0	6326.8
提供景观美学	2376.4	8.5	40.7	1179.3	0.3	0.0	3605.2
合计	32126.4	113.9	1893.2	12045.3	1.7	0.0	46180.6

2013 年各类用地的生态服务价值当量 表 8-2-6

	林地	草地	耕地	水域	未利用地	建设用地	合计
面积	1067.5	8.8	137.1	257.9	1.3	624.3	2097.0
修正系数	0.7	0.7	0.6	1.0	1.0		
食物生产	262.3	2.6	85.9	136.7	0.0	0.0	487.6
原材料生产	2368.5	2.2	33.5	90.3	0.1	0.0	2494.5
气体调节	3433.5	9.2	61.9	131.5	0.1	0.0	3636.2
气候调节	3234.8	9.5	83.4	531.4	0.2	0.0	3859.2
水文调节	3250.7	9.3	66.2	4841.5	0.1	0.0	8167.8
废物处理	1367.0	8.1	119.5	3830.4	0.3	0.0	5325.3
保持土壤	3195.1	13.7	126.3	105.8	0.2	0.0	3441.1
维持生物多样性	3584.5	11.4	87.7	884.7	0.5	0.0	4568.9
提供景观美学	1653.2	5.3	14.6	1145.2	0.3	0.0	2818.7
合计	22349.7	71.3	679.0	11697.5	1.8	0.0	34799.2

2013 年林地、草地、耕地的修正系数为各自单元格平均叶面指数 LAI 与 2011 年的比值，分别为 0.7、0.7、0.6。水域和未利用地的生态服务功能不受植被覆盖影响，因此修正系数为 1。

从生态服务价值总量来看，2011 年示范区生态价值当量和为 46180.6，2013 年示范区生态价值当量和为 34799.2（表 8-2-7），2013 年相对于 2011 年的示范区生态服务价值退化了约 25%。

2011 年和 2013 年示范区各项生态服务价值的当量一览表　　　　表 8-2-7

	2011 年	2013 年	衰退程度
食物生产	761.7	487.6	36%
原材料生产	3594.6	2494.5	31%
气体调节	5258.2	3636.2	31%
气候调节	5444.9	3859.2	29%
水文调节	9857.6	8167.8	17%
废物处理	6255.6	5325.3	15%
保持土壤	5076.0	3441.1	32%
维持生物多样性	6326.8	4568.9	28%
提供景观美学	3605.2	2818.7	22%

从用地类型来看，林地和水域是示范区功能生态服务价值的主体，2011 年和 2013 年两类用地的生态服务价值分别占总生态服务价值的 96% 和 98%。从衰退程度来看，水域由于面积变化小，基本未有明显的衰退，而林地由于面积减少和植被状态变差，直接导致了生态服务衰退约 30%（表 8-2-8）。

2011 年和 2013 年主要用地类型的生态服务价值当量　　　　表 8-2-8

	2011 年	2013 年	衰退程度
林地	32126.4	22349.7	30%
草地	113.9	71.3	37%
耕地	1893.2	679.0	64%
水域	12045.3	11697.5	3%

从生态价值当量的分布来看，生态价值最高的地区主要是水域，其次是西部的林区和北部的林区，雁栖湖环湖地区由于受到建设用地的影响，生态服务价值极低（图 8-2-2、图 8-2-3）。

从 3 年生态服务价值变化来看，除水域和建设用地的生态服务价值未变以外，北侧和西侧地区的生态服务价值全面退化，仅有零星的林地斑块生态服务功能增加。

综合来看，2013 年示范区内的生态服务价值小于 2011 年生态服务价值，也即是说 2013 年示范区的生态涵养能力弱于 2011 年。主要包括 2 个方面的原因：①由于示范区建设，新增了约 1.9 万 m² 左右的建设用地，其中包括道路用地、施工所

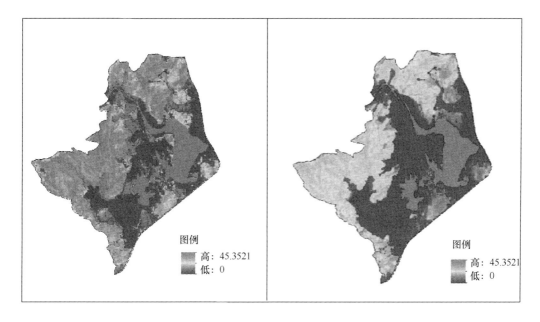

图 8-2-2　2011 年和 2013 年生态服务当量分布图

占场地、拆迁后尚未进行植被修复的
用地、平场用地等；②由于建设过程
中各种施工对于场地的破坏，对周边
林地和耕地的影响，直接导致区内植
被覆盖比 2011 年要差，单位生态用地
的服务能力下降。

　　根据计算可以看出，示范区的生
态服务总价值主要受到 2 个方面因素
的影响，首先是生态用地的总量，即
提供生态服务的用地如水域、林地、
草地、园地、耕地等用地的面积，生
态用地面积越大，则在同样生长状态
下的生态服务总价值越高；其次受到
植被生长状态的影响，植被是实际提
供生态服务的重要载体，植被生态状
态越好，其所提供的生态服务价值越

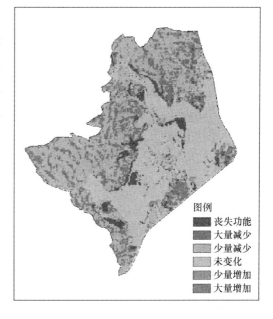

图 8-2-3　相比 2011 年，2013 年
生态服务当量变化示意图

高，而植被状态受到气候、降雨、人工管理等多方面因素的影响。

　　同时，根据现场调研的情况，2014 年 9 月相比 2013 年年底，部分场地已经恢
复成草地和林草混合地，生态用地的总量相比 2013 年有所提升；其次从植被状态
来看，随着会议旅游相关设施的完工和环境综合整治的开展，植被覆盖度有了较大

的提升，因此植被生态状态也相对 2013 年年底有所提高。

随着规划的进一步推进，在按照控制性详细规划实施的前提下，通过加强对植被结构的优化、植被养护等手段，可以提高植被生态状态，从而在生态用地减少不多的前提下，实现生态服务总价值的平衡甚至提升。

3）地均污染物净输出量

由于示范区主导产业为旅游、会展等，计算的主要污染对象为大气和水。根据雁栖湖生态示范区 2010 年和 2013 年的相关统计数据得出该年示范区大气污染和水污染的产生量与消减量，见表 8-2-9 所列。

2010 年和 2013 年污染物产生量和削减量　　　　　　　　　　表 8-2-9

污染类型		2010 年	2013 年
大气污染 （NO$_x$）	产生量（kg/a）	4256	370
	削减量（kg/a）	507446.66	444365.37
	净输出量（kg/a）	−503190.66	−443995.37
	地均净输出量[kg/(a·hm^2)]	−239.6	−211.4
水污染 （TN）	产生量（kg/a）	383353	337683
	削减量（kg/a）	—	157
	净输出量（kg/a）	383353	337526
	地均净输出量[kg/(a·hm^2)]	182.5	160.7

从污染物产生与削减角度来看，示范区的建设使大气污染的产生量大幅降低，但与此同时，由于示范区建设过程中生态用地面积以及组分发生改变，导致 2013 年大气污染物削减能力比 2010 年要小，从而导致 2013 年大气污染物地均净输出量大于 2010 年。也即是说，从示范区对周边区域服务的角度来看，2013 年示范区对周围地区污染物削减能力有所减弱。

水污染的产生量在示范区建设后有所减少，其削减能力有所提高，但需要进一步加强对水污染物的处理能力，如增加回用水比例，进一步扩大人工湿地面积，减小雁栖湖示范区的污水对周边区域的不良影响。

2. 土地修复治理

1）已修复治理土地比例

示范区规划范围内，原有柏崖厂、下辛庄和泉水头 3 个村庄。在规划中，3 个村庄用地将变成公共绿地、旅游设施用地和文化娱乐用地。目前，3 个村庄都已搬迁，拆除后实施过渡性绿化方案，建设成为停车场和公共绿地。因此，建设前的土地治理比例为 0，建设后土地治理比例为 100%。

原有村庄的搬迁将大大减少由于村民生活生产活动而产生的污水、生活垃圾、农药等污染物的排放。

2）土地综合污染指数

为考察示范区旧村庄搬迁后，土壤环境质量的变化及搬迁改建活动对土壤环境的污染情况，对示范区原村庄用地的土壤环境质量进行检测。采样点如图 8-2-4 所示。

对土壤潜在污染物的检测主要分为两大类，分别是农药和重金属。其中，农药又包含有机磷农药和有机氯农药两类。通过对土壤中农药检测数据的分析，得出示范区旧村庄搬迁改建后土壤中有机磷农药的

图 8-2-4 示范区土壤检测采样点示意图

含量全部在检出限以下，而有机氯农药则在除泉水头村以外的样品中都有检出，但均未超标，检出种类主要是六六六。因为检出样品中既有原状土也有现状覆盖土，所以分析有可能是原村庄用地施用农药的残留和现在绿化施用农药所造成。

根据《土壤环境质量标准》（GB 15618—1995），对示范区旧村庄搬迁改造后土壤中重金属检测数据进行分析，发现在柏崖厂村有 2 个采样点，泉水头村有一个采样点的土壤砷含量超过《土壤环境质量标准》（GB 15618—1995）规定的三级标准，即为保障农林业生产和植物正常生长的土壤临界值。通过分析，这 3 个土壤样品均来自绿化用地，采样土壤均为覆盖土层，由于本区域附近没有工矿业，所以分析有可能是含砷杀虫剂如砷酸钙、稻脚青、稻宁、亚砷酸钠、巴黎绿等或磷肥如硝酸铵、磷酸铵等的施用所造成。除砷以外，在检测区域内，其他重金属含量均能够达到《土壤环境质量标准》（GB 15618—1995）规定的一级标准，即为保护区域自然生态，维持自然背景的土壤环境质量的限制值，说明此区域土壤除砷以外的重金属基本保持自然背景水平，没有受到污染。

根据公式 3-2-2 计算，由检测数据及《展览会用地土壤环境质量评价标准（暂行）》（HJ 350—2007）A 级标准限值（表 8-2-10）计算得到原状土和现状土中各污染物的分指数。

《展览会用地土壤环境质量评价标准（暂行）》A 级标准限值　　表 8-2-10

项目名称	A 级标准限值（mg/kg）	项目名称	A 级标准限值（mg/kg）
铬	190	砷	20
镍	50	汞	1.5
铜	63	六六六	1
锌	200	艾氏剂	0.04
镉	1	狄氏剂	0.04
铅	140	异狄氏剂	2.3

根据公式 3-2-1 计算，原状土壤污染综合指数为 0.49，现状土壤污染综合指数 P 为 1.05。所以，根据国家环保总局 2004 年 12 月发布并实施的土壤环境监测技术规范的内梅罗指数土壤污染评价标准，目前，此区域土壤污染水平为Ⅲ级，属轻度污染。

除了土壤中的潜在污染物，对旧村庄用地搬迁改建后土壤养分的变化情况也进行了考察。通过对检测数据的分析，得出原状土与现状覆盖土养分含量对比图如图 8-2-5 所示，各指标变化不大，参考全国第二次土壤普查推荐的土壤养分分级标准，建设前后土壤养分都处于Ⅴ级。

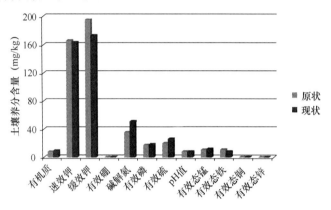

图 8-2-5　建设前后土壤养分含量对比图

3）地下水监测达标率

雁栖湖生态发展示范区地处燕山脚下，南偎一望无际的华北平原，地势北高东低。因此，选择位于示范区下游的兴怀水厂、范各庄、雁栖水厂和驸马庄 4 个地下水监测站点的监测数据进行整理分析。

示范区所在地是重要水源保护区，根据《地下水质量标准》（GB/T 14848—93）规定，集中式生活饮用水水源的水质最低要求要达到Ⅲ类标准限值。通过对示范区下游 4 个监测站点 2008～2012 年的监测数据分析，得到地下水各项指标的监测数据均低于《地下水质量标准》（GB/T 14848—93）Ⅲ类标准限值，部分指标甚至低于天然的背景含量（Ⅰ类标准）。因此，在示范区建设前后的地下水监测达标率可认定为 100%。

示范区在 2010 年开始建设后，地下水的部分指标虽有轻微浮动，但都没有超标；其他指标如亚硝酸盐、铜、锌、砷、汞、镉、六价铬、氰化物、挥发酚等基本没有变化。说明示范区的建设对地下水的水质影响不大。

4）绿化覆盖率

根据《北京雁栖湖生态发展示范区控制性详细规划及景观规划》，示范区建设用地规划建设后，绿化覆盖率将由原来的 21.62% 提高到 63.34%。绿地面积的增加必将对示范区生态环境的改善和土壤环境的保持起到积极促进作用。

8.3　水资源保护绩效评估

8.3.1　评估目标

根据北京市水功能区划和水环境功能区划中确定的雁栖湖（北台上水库）水域功能和水质目标，雁栖河（含雁栖湖）为饮用水源区，主导功能为饮用，示范区建设水环境、水资源的保护目标定位为确保雁栖湖（北台上水库）水质达到《地表水环境质量标准》（GB 3838—2002）中 III 类。

示范区的建设会导致水环境向不同的方向发展。因此，对水环境绩效的评估应结合示范区的建设目标和现状，以水质变化作为衡量水环境建设绩效的重要标尺，评估流域或区域污染控制及生态修复等工程措施对水环境的影响。

8.3.2　评估思路

评估工作首先确定评估的核心范围，并根据水系统的特征，适当扩展评估范围，视情况可分别从流域尺度、区域尺度和城市尺度开展评估（图 8-3-1）。

评估采取点、面结合的方法，调查研究示范区建设前后的水环境、水资源、水工程、水政策的现状和问题，重点评价地表水质量、地下水质量和供水水质状况。在表征指标选择上，包含两部分，一是根据相关标准确定的通用指标，二是根据区域水质特征选择特征性指标。水环境保护绩效评估体系框架如图 8-3-2 所示。

1. 地表水水质

地表水以水环境水质变化为主要评估对象，地表水包括上游来水水质和示范区内水体的水质。水质的变化受到示范区建设的影响，从建设实际

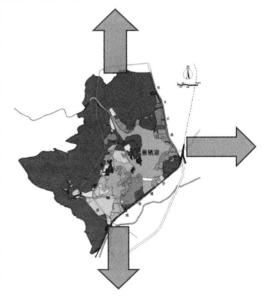

图 8-3-1　评估区域范围示意

现状提取影响水质变化的因素，主要从土地利用、人口变化、水体动力条件、入湖水量、人工和自然湿地、点源和面源污染控制等要素开展分阶段评估。

在分析影响因素的基础上，依据《地表水环境质量标准》（GB 3838—2002）中的指标要求，对水质进行评估。

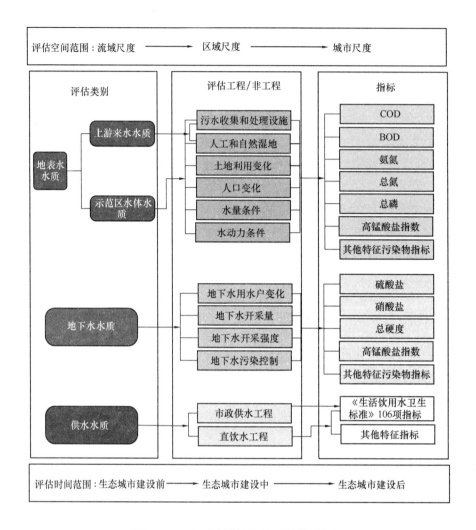

图 8-3-2　水环境保护绩效评估体系框架

2. 地下水水质

地下水以水环境水质和水位作为主要评估对象，主要从地下水保护、地下水污染源控制及地下水开采强度等影响要素开展分阶段评估。

在分析影响因素的基础上，依据《地下水环境质量标准》（GB/T 14848—93）中的指标要求，对水质进行评估。

3. 供水水质

城市供水以供水水质变化作为主要评估对象，主要从供水水源、供水模式、净水厂工艺、备用水源和水厂等要素开展分阶段评估。

在分析影响因素的基础上，依据《生活饮用水卫生标准》（GB 5749—2006）中的指标要求，对水质进行评估。

8.3.3　评估结果

1. 地表水水质

1）雁栖湖流域降雨量

雁栖湖流域现有 3 个雨量站，分别是八道河、柏崖村和北台上水库雨量站（图 8-3-3）。根据 2001 年 1 月至 2012 年 12 月雨量站月降雨量观测，5 月、7 月、8 月 3 个月的降雨量在 500～682mm，占年降雨量的 80%。

图 8-3-3　雁栖湖流域雨量站分布图

2）水生态环境特征

雁栖湖生态发展示范区建设前，水生态环境特征为：

（1）雁栖湖水质总体达 II 类，但化学需氧量和高锰酸盐指数偶有超出 II 类水指标限值，总氮在 2010 年 2～5 月份超出 III 类水的指标限值，其中 2～3 月超出 IV 类；

（2）雁栖湖上游支流水质，总氮通常可满足 III 类水限值，但雨季超标严重，远远超出 V 类限值，可能与沿河周边村庄的雨污合流排水系统有关；

（3）下辛庄村、柏崖厂村和泉水头村的农村居民点以村镇集中供水系统的形式开采地下水，雁栖湖周边的培训中心和宾馆约 30 家，以自备井的形式集中开采地下水；

（4）示范区内部分单位建有小型污水处理系统，每个村庄也建有小型的污水处理设施。但由于监管不到位、运营资金不足等原因，污水处理设施的运行状况不容乐观，偷排、超标排放等现象时有发生。

3）土地利用与人口变化

雁栖湖生态发展示范区的建设分为核心区、重点提升改造区、基础设施启动区、重点绿化建设区、环境整治过渡区。

雁栖湖生态发展示范区的建设（图 8-3-4），包含雁栖半岛新建建筑约 5 万 m^2；对南岸、东岸及北岸的各单位培训中心，针对具体风貌分等级进行改造，改造建筑约 22 万 m^2；新建峰会核心区、红楼梦古都文化园、会都会议及酒店、主入口酒店及会议中心、南岸新建酒店、东入口服务区等建筑约 48 万 m^2；规划后总建筑面积约 75 万 m^2。

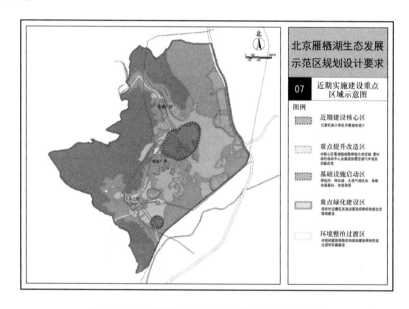

图 8-3-4 雁栖湖生态发展示范区建设区域图

目前，雁栖湖核心区建有国际会议中心、精品酒店以及环岛 12 座贵宾别墅。投入运行后，岛上的国际会议会展中心就可容纳 5000 人同时参会，而整个"国际会都"则最多可容纳 2 万人进行各种会议。重点建设绿化区的下辛庄村、柏崖厂村和泉水头村 3 个村庄农村居民点已全部搬迁至怀柔新城雁栖居住区。

从用地变化来看（图 8-3-5），主要呈现以下特征：①教育、科研用地基本保留；②培训中心和宾馆基本保留；③市政设施用地基本保留；④村庄建设用地取消；⑤绿化及旅游设施用地增多；⑥已批未建用地的性质确定。结合市政排水设施的建设，这种用地变化将显著减少雁栖湖周边的"污染负荷"，包括点源污染和面源污染，从而有助于改善雁栖湖的水环境。

从人口变化来看，示范区建成后，示范区内的常住人口将减少，但流动性人口将显著增加。尽管示范区内建有较为完善的污水收集系统，但流动性人口导致的污染负荷增加应该引起高度注意。

4）水动力条件

在示范区建设过程中，为维护雁栖湖区域水系统良性循环，对雁栖湖水系进行局部改造。在峰会核心区南侧沟通水系，形成 5hm² 的独

图 8-3-5　雁栖湖生态发展示范区建筑拆—改—保—新建规划图

立岛屿，作为雁栖湖大雁栖息地。通过沟通水系（图 8-3-6），雁栖湖的水动力条件将显著改善，水体的更新速度将进一步增加，更有利于污染物的降解、转化。

图 8-3-6　生态城市建设前后雁栖湖的流场示意图

5）污染控制——上游污染控制

为保护雁栖河入湖水质质量，在示范区上游，对雁栖河沿岸的村庄污水运行方式是委托北京排水集团，对村镇污水处理厂站和设施进行运营维护管理，确保污水处理设施正常运行。现已完成雁栖湖上游 19 个村 36 处污水处理设施升级改造，投入正常运行；对雁栖湖上游西栅子 7 个村，新建污水处理设施 7 处，目前进入设备安装调试阶段。雁栖湖上游村级污水处理设施示例见图 8-3-7。

图 8-3-7　雁栖湖上游村级污水处理设施

对上游雁栖河沿岸的餐饮单位，要求自行安装污水处理设施，再生水水质必须经过环保局检测，达到国家标准，方可营业。目前，64 家正在营业的餐饮企业全部自行投资建设了污水处理设施。22 家停业的餐饮企业与雁栖镇政府签订了《停业保证书》，以防经营户私自营业，污水流入河道，影响水质。

完成河道生态修复 6.1 万 m²，栽植水生植物 61000m²；绿化土方回填设计总工程量 36800m³，现已完成 36800m³；WE 渗滤模块护坡设计总工程量 420m³；沿河道垃圾清运完成 18000m³；按照台账要求，河道治理已完成总工程量的 100%。河道整治示例如图 8-3-8～图 8-3-10 所示。

图 8-3-8　神堂峪村附近河

图 8-3-9　官地村附近河道

6）污染控制——示范区污染控制

图 8-3-10　五道河村仙翁度假村附近河道

示范区建设区建成后，示范区的污水全部纳入市政污水收集和处理系统。其中，西部、南部和东部部分地区的污水从柏崖厂大桥，沿范崎路东侧、雁栖河右堤向南跨怀河汇入现状高两河泵站，最终提升至怀柔污水处理厂（庙城镇）集中处理。2013 年 11 月 20 日示范区污水干线工程的工程主体已经完工并进入验收阶段。

庙城污水处理厂在原有规模 7 万 t/d 基础上，新增 6 万 t/d，建成后总处理能力为 13 万 t/d。不仅能满足示范区的污水处理需求，还能兼顾雁栖、北房、杨宋、庙城等平原地区的污水处理需要，并可满足怀柔区"十二五"末至"十三五"时期的污水处理需求。处理后水质达《北京市城镇污水处理厂水污染物排放标准》（DB 11890—2012）A 标准，处理后的水排向潮白河，处理工艺如图 8-3-11 所示。

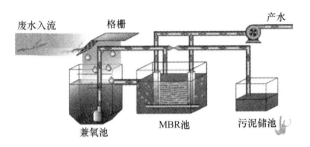

图 8-3-11　庙城污水处理厂 MBR 处理工艺

为控制面源污染负荷，示范区建设多个生态湿地（图 8-3-12），最大程度实现自然净化。在雁栖河入湖两侧，设置净湿地面积大于 8hm² 的台田湿地，净化上游被度假村污染的河水，目标为 II 类水。在南入口综合服务区、东岸半岛、媒体中心、峰会核心区和红楼梦古都文化园 6 个区域设置中水处理设施，使示范区内的水可以在东西南北中不同方位得到净化处理，目标为中水回用率达到 85%，中水将主要应用于绿化、小型水景观用水等；在雁栖湖主坝和副坝下分别设置 11.8 万 m² 和 7 万 m² 的污水净化湿地，污水日处理量 2500m³，并兼备展示、教育功能。

图 8-3-12　雁栖湖生态发展示范区湿地分布

7）水环境质量评估——上游水质变化

根据怀柔区环保局2011～2013年每年5～10月对雁栖湖上游神堂峪和莲花池2个雁栖河支流河道的水质监测资料分析，雁栖湖上游河道的水质变化特征与生态示范区建设前相同，即每年的7～9月为总氮的高峰期，总氮含量超过地表水环境质量标准的Ⅴ类限值（图8-3-13）。根据2012年和2013年7月两次大雨（日降水25mm以上）后取样加测数据分析，这种超标现象明显与降雨有关，通常在大雨后加测的总氮数据明显上升，可能与沿河周边村庄大雨期间污水排放相关（雨污合流的排水系统）。

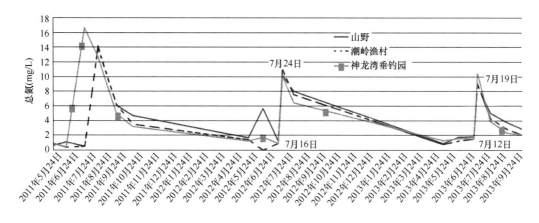

图 8-3-13　2011～2013 年雁栖湖上游河道检测点总氮动态

8）水环境质量评估——雁栖湖水质变化

根据怀柔市环保局2010年至2014年对雁栖湖水质监测数据的分析，化学需氧量、五日生化需氧量、氨氮、总磷、高锰酸盐指数等指标基本符合《地表水环境质量标准》（GB 3838—2002）Ⅲ类标准限值（图8-3-14～图8-3-19）。

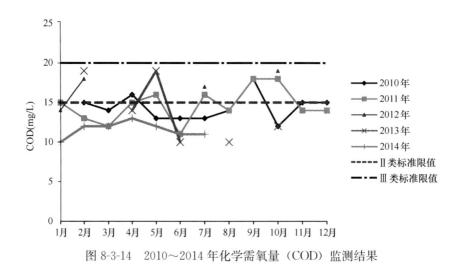

图 8-3-14　2010～2014 年化学需氧量（COD）监测结果

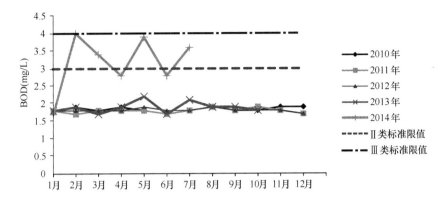

图 8-3-15　2010～2014 年五日生化需氧量（BOD）监测结果

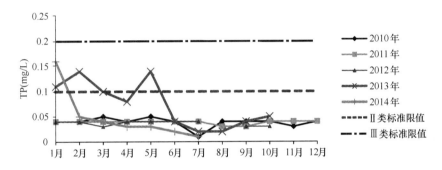

图 8-3-16　2010～2014 年总磷（TP）监测结果

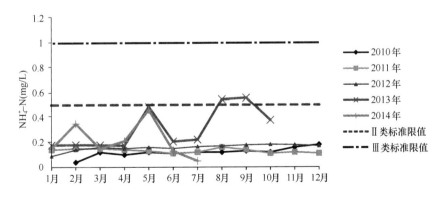

图 8-3-17　2010～2014 年氨氮（NH$_3$-N）监测结果

　　从 2010 年 1 月至 2014 年 7 月各项指标的变化来看，五日生化需氧量、总磷、氨氮、总氮等指标在 2013 年、2014 年略有升高，经过现场调查和分析，一方面这可能与 2013 年和 2014 年由于降水减少导致上游来水量锐减有关，另一方面可能与施工建设有关。

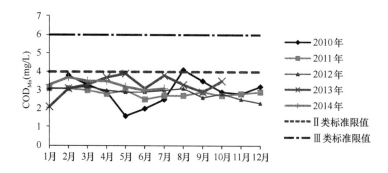

图 8-3-18　2010～2014 年高锰酸盐指数监测结果

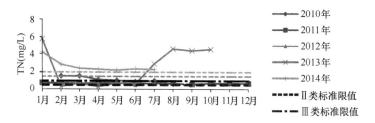

图 8-3-19　2010～2014 年总氮监测结果

2. 地下水水质评估

1）保护措施

雁栖湖生态发展示范区集中市政管网供水系统的建设，实现了示范区的公共供水，有条件关停培训中心和宾馆的自备井。因此，示范区的建设，有利于涵养当地地下水，并补给下游平原区的地下水。

另外，在示范区建设了生态植物边沟、下凹绿地、雨水收集区等，使 5 年一遇（历时 10 分钟）的雨水被有效滞留与收集，利用率达到 90％以上，用于回补地下水，并涵养雁栖湖下游地区的地下水（图 8-3-20）。

2）地下水开采动态

调研共收集到研究区的 17 个单位 2013 年 1 月至 2014 年 7 月的逐月开采量资料，雁栖湖周边部分单位自备井开采点的分布如图 8-3-21 所示，其中 14 个单位有开采资料。

在上述 19 个自备井开采单位中，8 个单位的自备井在 2013 年 1 月至 2014 年 7 月的月开采量基本小于 1000m³（图 8-3-22）。

7 个单位的自备井在 2013 年 1 月至 2014 年 7 月的月开采量基本小于 4000m³（图 8-3-23）。

2 个单位的自备井在 2013 年 1 月至 2014 年 7 月的月开采量在 10000m³ 左右（图 8-3-24）。

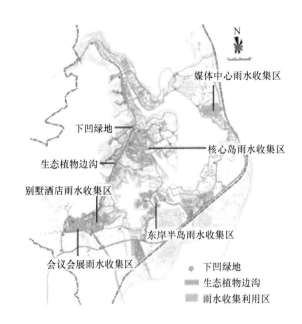

图 8-3-20　示范区雨洪收集系统设计

图 8-3-21　雁栖湖周边部分单位自备井开采点的分布示意图

（不含怀北水厂、北京民航凯亚培训中心）

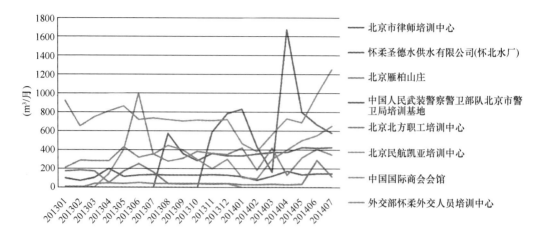

图 8-3-22　月开采量小于 1000m³ 的自备井单位及其开采动态

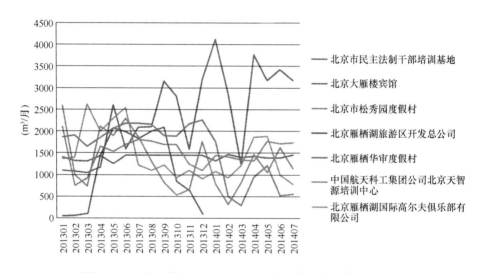

图 8-3-23　月开采量小于 4000m³ 的自备井单位及其开采动态

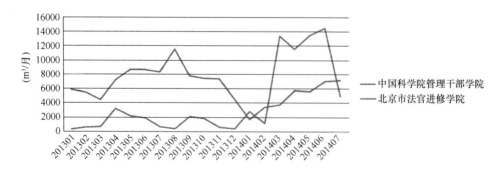

图 8-3-24　月开采量在 10000m³ 左右的自备井单位及其开采动态

总体而言，上述各自备井单位开采量均较小，17 家单位的月累积开采量之和小于 3.5 万 m³（图 8-3-25）。

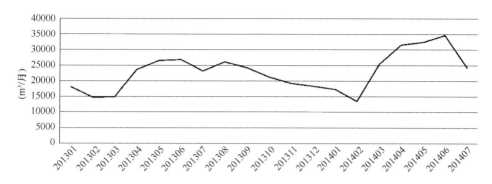

图 8-3-25　雁栖湖周边 17 家自备井单位开采动态

3）地下水水位变化

根据当地水主管部门提供的资料，示范区建设过程中因为下辛庄村、柏崖厂村和泉水头村迁出示范区后，减少了地下水的开采，2014 年雁栖湖周边的地下水水位开始回升。地下水水位动态监测情况如图 8-3-26 所示。

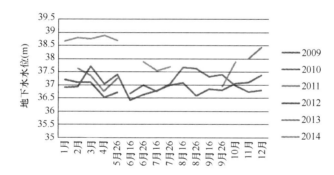

图 8-3-26　北台上地下水水位动态监测曲线

雁栖湖下游地区的地下水动态（图 8-3-27）表明，在示范区建设过程中，下游地区地下水位趋于稳定。

4）地下水水质评估

根据当地水主管部门提供的资料，对雁栖湖下游地区部分地下水监测点2008～2013 年的数据进行分析，依据《地下水质量标准》（GB/T 14848—93），水质均符合Ⅲ类限值要求（图 8-3-28～图 8-3-31）。

分析检测数据，可以得出如下认识：

（1）与华北地区普遍较高的总硬度相比，雁栖湖下游地下水硫酸盐和总硬度相对含量较低，未出现超标情况，但 2011 年以来有升高的趋势，可能与周边地下水的开采量增大有关。

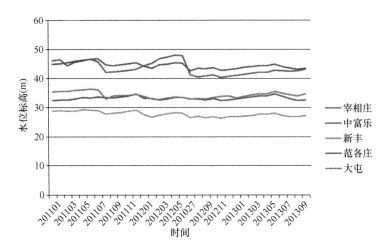

图 8-3-27 生态城建设过程中雁栖湖下游地下水水位动态图

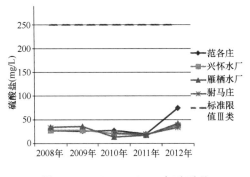

图 8-3-28 2010～2013 年硫酸盐
监测结果

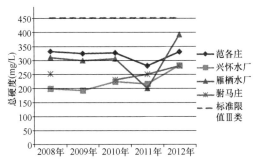

图 8-3-29 2010～2013 年总硬度
监测结果

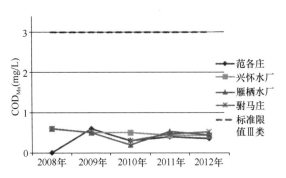

图 8-3-30 2010～2013 年高锰酸盐指数
（COD$_{Mn}$）监测结果

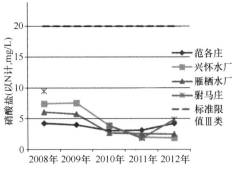

图 8-3-31 2010～2013 年硝酸盐
（以 N 计）监测结果

（2）部分地下水中有机物污染较轻，氨氮的检测结果普遍低于 0.1mg/L（标准限值 0.2mg/L），部分月份未检出；高锰酸盐指数也远低于标准限值。

（3）部分地下水中硝酸盐和氟化物浓度也均低于标准要求。

3. 供水水质评估

1）供水系统建设

示范区建设后，将实现对示范区供水模式的重构，调整了供水水源，显著提高了供水的安全保障能力。

在供水模式方面，以市政公共供水系统替代自备井系统和村镇集中供水系统。扩建雁栖水厂，位置如图 8-3-32 所示，在现有 0.5 万 m³/d 的基础上，新增供水能力 4.5 万 m³/d，总规模达到 5 万 m³/d。同步建设输水管线 9.4km，配水管线 11.9km。

在应急供水能力方面，在现有怀北水厂规模 0.8 万 m³/d 基础上，扩建新增供水能力 1.4 万 m³/d，总规模达到 2.2 万 m³/d。同步新打水源井 12 眼，新建井群联络线 3.8km，新建输水管线 4.4km，新建配水管线 1.9km。

图 8-3-32　雁栖水厂位置示意图

在备用水源方面，南水北调中线引水进京后，将缓解北京的缺水问题，怀柔应急水源地将进入涵养期，平原区地下水资源将得到一定恢复。30 眼应急水源井和绿化水源井（日供水能力达 15 万 t）将作为怀柔新城地区和雁栖湖生态发展示范区的用水水源。

2）供水水质评估

根据国家城市供水水质监测网北京监测站 2013 年对怀柔地区的日常开展水质监测的结果，怀柔地区水质符合《生活饮用水卫生标准》（GB 5749—2006）的要求。其中，标准中各项有机物、农药和重金属等有毒有害指标多为未检出，少量检出的指标浓度远低于标准限值。作为地下水重要水质指标的硝酸盐、总硬度、氟化物等指标的检测结果见表 8-3-1。通过对以上指标进行分析，未发现华北地区地下水常见的硬度高，氟化物、硝酸盐和锰超标等现象，放射性指标也远低于限值，表明雁栖湖所在地区饮用水水源的水质较好，从源头保证了饮用水的水质安全。总体上看，雁栖湖所在区域的饮用水质量满足标准要求，但存在水量保障及地下水过度开采、总硬度和硝酸盐升高的风险。

北京市自来水集团有限责任公司怀柔分公司
出厂水部分指标检测结果（2013 年）　　　　　　　　　　表 8-3-1

指标	《生活饮用水卫生标准》（GB 5749—2006）限值	检测结果
毒理指标		
氟化物（mg/L）	1	0.23
硝酸盐（以 N 计）（mg/L）	10；地下水源限制时为 20	5.3
感官性状和一般化学指标		
铁（mg/L）	0.3	＜0.05
锰（mg/L）	0.1	＜0.001
氯化物（mg/L）	250	17.9
硫酸盐（mg/L）	250	32.4
溶解性总固体（mg/L）	1000	386
总硬度（以 $CaCO_3$ 计）（mg/L）	450	271
耗氧量（COD_{Mn} 法，以 O_2 计）（mg/L）	3；水源限制，原水耗氧量＞6mg/L 时为 5	0.24
放射性指标		
总 α 放射性（Bq/L）	0.5	0.058
总 β 放射性（Bq/L）	1	0.069

8.4　局地气象与大气质量绩效评估

8.4.1　评估目标

　　雁栖湖生态发展示范区是在生态涵养发展区建设高端服务功能区和高品质文化休闲度假区，这些建设必然改变区域下垫面的大气热力、动力属性，改变区域内大气污染物的排放和热源的排放。这对局地气象和大气质量也产生了相应影响。示范区局地气象和大气质量绩效目标主要是为了分析雁栖湖的热环境、风环境、环境空气质量和能源利用在其建设前后以及建设过程中的变化特征，分析示范区建设对其的影响和绩效，为示范区的建设和规划提供相关的科学支撑。

8.4.2　评估思路

　　从城市通风环境、热环境、大气环境及节能减排 4 个方面着手，开展城市建设的局地气象与大气质量绩效评估。

　　1. 通风环境绩效评估

　　某一城市的通风环境，一方面取决于地形、地表粗糙度等下垫面的通风潜力，另一方面还受其所处区域的背景风环境影响。从示范区建设前后通风潜力的变化情况入手，结合当地背景风环境情况，采用通风潜力指数（Ventilation Potential Index，VPI）这一量化指标进行定量评估。

首先是利用遥感和地理信息系统技术，提取城市地区的建筑覆盖率、建筑高度以及郊区的植被类型（森林、灌草、农田、裸地、水体）、叶面积指数、植被高度等参数，以这些参数为基础估算粗糙度长度，同时结合天空开阔度计算结果，对通风潜力进行评价；之后利用示范区内及周边气象站点观测的风向、风速等信息，对盛行风、山谷风等进行统计分析。同时，将示范区城市土地利用信息更新至数值天气预报模式中，进行典型个例风场空间模拟分析。将统计分析与数值模拟结果结合起来，从整体上把握评估地区的背景风环境。最后结合示范区建设前后的通风潜力变化情况与背景风环境评价共同给出通风潜力指数，实现通风环境的定量绩效评估。

2. 热环境绩效评估

以热岛强度作为示范区建设的热环境绩效评估重要指标。利用卫星遥感手段，结合下垫面用地类型情况，对地表温度进行反演，提取不透水面覆盖度、植被覆盖度等确定郊区温度，进而计算城市热岛强度。通过对比示范区建设前后热岛强度空间分布变化情况，定性评价热环境绩效。同时，把水体、林地和农田定义为城市生态冷源，并且把城市绿地里的林地灌木视为冷源，而把绿地里的草地（如高尔夫球场）不作为冷源，通过对建设前后生态冷源面积变化的评估，衡量示范区陆地表面温度，评估建设前后的热环境。

3. 大气环境绩效评估

示范区建设的大气环境评估包括两大内容：①大气质量定点观测评估。特邀中国科学院安徽光学精密机械研究所（简称"安光所"），在北京怀柔区气象局部署激光雷达和多轴差分光学吸收光谱设备（MAX-DOAS），针对颗粒物和大气污染物的输送及时空演变进行基地定点观测。北京市气象局也通过建立大气成分观测站、环境气象应急车定点观测，颗粒物膜采样观测等方式，对比观测数据以评估示范区建设前后的空气质量变化情况；②基于观测得到大气污染物空间分布和主要大气污染物排放量。采用安光所车载差分光学吸收光谱技术（车载 DOAS）与傅里叶变换红外光谱技术（车载 FTIR）技术，对大气污染物（主要是 SO_2、NO_2、VOC）的空间分布及分区域排放情况进行移动观测，对比示范区建设前后的大气质量状况进行大气环境绩效评估，并在此基础上完成主要大气污染物排放量的计算。

4. 节能减排和新能源利用绩效评估

对现有建筑能耗情况进行调查，采用能源综合评价指标（表 8-4-1）对节能减排和新能源利用开展绩效评估。首先，根据相关法律法规、政策规划及国际国内的标准等明确单项指标的目标值；其次，搜集各单项指标的相关数据，并采用目标渐进法对这些数据进行标准化处理，使各指标消去量纲，在标准化数据基础上，以熵值法对各指标权重进行赋值；最后，采用加权法计算综合建筑能耗的环境绩效指数，评价环境目标实现程度，并对表现匮乏的单项指标提出规划建议。

指标体系表 表 8-4-1

一级	二级	三级	单位
能源综合 评价指标	节能	单位面积采暖能耗降低率	%
	减排	单位面积空调能耗降低率	%
		单位面积照明能耗降低率	%
		新能源利用率	%

8.4.3 评估结果

1. 通风环境

1）地表通风潜力

地表通风潜力主要取决于该地区的地表粗糙度，而粗糙度则对该地区的空气流通及气流交换造成影响。地表通风潜力的评估主要是根据建筑物的地面覆盖率、自然植被及接近周边敞开区域的程度而定。地表通风参数包括开放空间（农田、水体、绿地、广场、未利用地等）、风廊道（道路交通、低矮建筑群、绿化带、广场等）、建筑物信息（建筑高度、密度类型）、其他信息（居住区、办公区、商业区等）。

对雁栖湖的天空开阔度和地表粗糙程度分别进行计算和模拟，评估示范区的地表通风潜力。雁栖湖周边地区天空开阔度计算结果如图 8-4-1 所示。

图 8-4-1 北京雁栖湖生态城及周边地区天空
开阔度（左）和开放空间（右）计算结果

利用遥感和地理信息系统（GIS）对参数进行提取。根据 2011 年 7 月份高分辨率遥感资料 Landsat-TM（30m）估算叶面积指数 LAI，提取土地利用类型，估算得到近似 100m 分辨率北京雁西湖周边地区粗糙度长度 Z_0（图 8-4-2）。

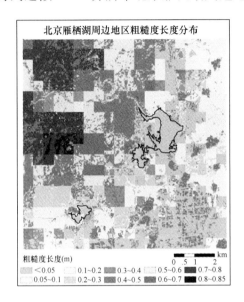

图 8-4-2 北京雁栖湖周边地区 100m 分辨率粗糙度长度 Z_0 估算结果

结果表明，雁栖湖西北部山区的地表粗糙度长度较大，基本在 0.5m 以上，部分地区达到 0.8m 以上，建筑物地区粗糙度也在 0.6~0.7m，而平原未建成区的粗糙度长度基本都小于 0.3m。

利用计算的粗糙度长度和天空开阔度，对示范区地表通风潜力进行计算。由于山区及有建筑物区域不考虑其通风潜力，未对其进行等级划分。利用同样的方法，结合示范区土地利用规划，对规划实施后的通风潜力进行了预测（图 8-4-3）。对比规划方案实施前后的通风潜力分布情况可见，未来由于大面积的建筑楼群的建立，示范区总体的通风潜力明显降低。因此，需要建设通风廊道，确保居住环境通风效果。

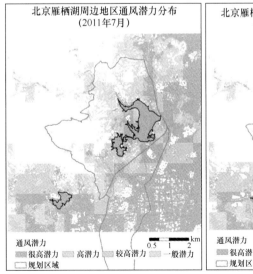

图 8-4-3 北京雁栖湖周边地区不同等级通风潜力（左）及规划通风潜力预测（右）

2）背景风环境

背景风环境是指区域大范围内，经常出现的，受局地影响较小且具有代表性的风场。

根据示范区地区的背景风场环境的统计分析和数值模拟表明，该地区主要盛行西北风和东南风，存在明显的山风、谷风，各季节一天当中山风、谷风的持续时间受日照时间不同而不同，冬季山风持续时间最长，谷风则在夏季持续时间最长。

冬季扩散条件较好时，怀柔东南部地区以北风为主，小风污染天气则出现南风，一般天气则为偏北风。夏季扩散条件较好时东南部以南风为主，小风污染天气时也是南风但风速较小，一般天气则出现山谷风效应。由于示范区处于平原与山区交汇地区，复杂的地形使得示范区周边近地面风速分布不均匀，示范区所处的怀柔东南部平原地区风速较西北部山区小。

3）通风潜力指数

对比区域建设前后的地表通风潜力变化，结合背景风场对该地区通风环境进行综合评估。在西北风和北风背景下，对比规划方案实施前后的通风潜力分布情况可知（图8-4-4）：由于大面积建筑楼群的建立，雁栖湖东北部 A 处、雁栖湖南部的配套小镇 B 处及红螺湖周边山前 C 处，3 大区域的通风潜力将明显降低。其中 A 处为平原地区，盛行北风和西北风，在此建立大量楼群不仅对该地的通风环境造成影响，而且可能阻挡北部气流进入雁栖湖核心区及其南部配套小镇 B 处和红螺湖周边 C 处，使得示范区整体的通风环境造成恶化。而在配套小镇 B 处，很高通风潜力的区域大面积减小，但雁栖湖核心区内建筑物数量增加较少，规划方案建设实施后，西北向气流仍可以到达小镇地区，因而可以通过在建设区合理布置通风廊道，

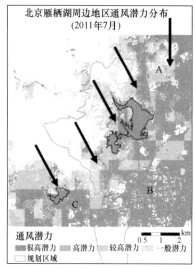

图8-4-4 北京雁栖湖生态城建设前后通风环境评估示意图（箭头表征主导风向）

减少对存留通风潜力较高地区进一步的蚕食，从而在一定程度上缓解城市建设对 B 处的通风环境造成的负面影响。在红螺湖周边 C 处，示范区建设前存在大范围通风潜力很高的区域，而建设之后再红螺湖东南部出现大量建成区，影响通风潜力，特别是湖南岸沿湖而建的建筑物位于西北风和湖陆风通道上，可能对气流产生阻挡。

分别计算示范区建设前后的通风潜力指数 VPI 定量评估该地区通风潜力的变化情况，并将示范区建设前后通风潜力评估结果按 VPI 指数进行等级划分。雁栖湖示范区 2011 年 7 月的通风潜力 VPI 计算结果为 0.5345，按照规划方案建设后的 VPI 为 0.4375。按此方法评估，雁栖湖地区建设之后通风潜力有所减弱，但通风潜力评估等级为 3（一般），仍在较好范围之内。

2. 热环境

1）热岛比例指数

基于卫星遥感资料的城市热岛监测方法，分别对雁栖湖地区 2011 年 7 月 26 日、2013 年 7 月 31 日的热岛状况进行监测。同时，结合示范区规划方案土地利用类型，利用同样方法对未来的城市热岛强度进行预测，得到示范区规划方案实施后的热岛分布，结果如图 8-4-5 所示。

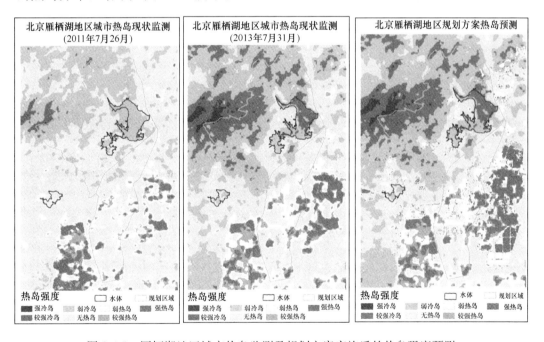

图 8-4-5　雁栖湖地区城市热岛监测及规划方案实施后的热岛强度预测

对比雁栖湖地区不同时相城市热岛监测结果，与规划方案实施后的热岛强度预测结果可知：该地区 2013 年 7 月出现热岛的范围较 2011 年 7 月有所增大，特别是在雁栖湖核心区东南部的雁栖产业组团地区，热岛面积和强度都有所增加，但

2011 年与 2013 年城市热岛总体呈现零散分布状况。而规划方案实施后的热岛面积和强度较现状均有所增大，怀柔城区北部和雁栖产业组团两大热岛区域有相连成片的可能，这样会对地区的热环境产生极大的负面效果。

分别计算 2011 年 7 月、2013 年 7 月及规划方案热岛预测结果的热岛比例指数（UHPI）为 0.0624 与 0.0878，并根据热岛评估等级划分标准，均属于轻微或无热岛等级，而规划方案预测热岛的 UHPI 为 0.1217，属于一般等级热岛。评估结果表明，随着示范区规划方案的实施，该地区热岛强度有所增强，但热岛评估等级为 2 级（一般等级），仍在较好范围之内。

2）生态冷源面积

利用遥感植被指数可以估算 Landsat-TM 卫星资料的绿量，并在此基础上，确定雁栖湖地区生态冷源的分布情况。由图 8-4-6 可见，雁栖湖地区生态冷源主要集中在水体、林地和农田以及城市绿地里的林地灌木等地区。强冷源主要为水体，较强冷源集中于山区林地覆盖度较大地区，除水体外的冷源分布情况基本与绿量较高区域分布一致。

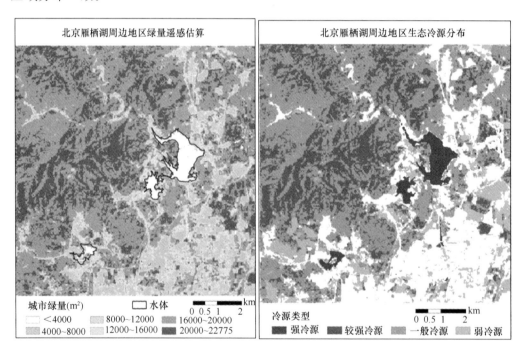

图 8-4-6　北京雁栖湖地区绿量遥感估算结果（左）及生态冷源分布情况（右）

3. 大气环境

掌握污染源污染排放种类、浓度、时空分布和排放总量是进行污染减排控制的依据。利用基地定点观测获得以上大气污染物浓度状况及时间变化特征，利用车载移动观测得到浓度空间分布和面源排放情况。

1）颗粒物及污染气体定点观测

为分析空气中颗粒物（重点 PM2.5）、特定毒性物质的浓度和成分的变化，自 2013 年 10 月 10 日开始，北京市环境气象中心利用停泊在怀柔气象局内的环境气象应急车，进行臭氧、氮氧化物、PM2.5 的实时在线定点观测，分析空气质量状况。

2）颗粒物输送及时空演变观测

中国科学院合肥物质科学研究院（安徽光机所）在位于 APEC 会议中心西南方向，北纬 40.3579°东经 116.6279°的怀柔气象局部署激光雷达、MAX-DOAS 设备（图 8-4-7），对区域的大气成分进行定点观测，分析主要大气污染物浓度状况及时间变化特征，同时积累观测数据，以便对比评估示范区建设前后的空气质量变化情况。该气象局的北部和西部为山区，东部为怀柔城区，周边无明显污染源。

图 8-4-7　激光雷达和 MAX-DOAS 安装地点

3）主要大气污染物排放量移动观测

利用安徽光机所自主研发的环境光学立体观测设备，选取示范区作为示范运行区域，针对大气污染物（SO_2、NO_2、VOC）分布及分区域排放情况，采用车载 DOAS 与车载 FTIR 技术进行移动观测，完成示范区主要大气污染物空间分布特征及网格化排放量的计算。具体观测设备见表 8-4-2。

观测设备配置及监测时段　　　　　　　　　　　表 8-4-2

项目	设备名称	数量	监测参数	监测时段
地基定点	激光雷达	1	颗粒物垂直廓线	2014 年 4 月～ APEC
	MAX-DOAS	1	NO_2、SO_2 柱浓度及廓线	
车载移动	车载 FTIR	1	VOC 柱浓度分布 分区域排放通量	2014 年 4 月 26 日～5 月 8 日
	车载被动 DOAS	1	SO_2、NO_2 柱浓度分布 分区域排放通量	

针对雁栖湖地区和怀柔产业区的大网格进行观测，在观测中对大网格进行了进一步细化，开展小网格化的测量，将整个怀柔地区分为 8 个小网格，各个小网格的整体布局如图 8-4-8 所示。

图 8-4-8　小网格布局

各小网格的具体路线图如下：

网格 1 路线：永乐大街—雁栖东二路—雁栖北三街—雁栖大街—杨雁路，全程约 5.5km。

网格 2 路线：京加路—雁栖大街—杨雁路—中高路，全程约 8km。

网格 3 路线：雁栖大街—雁栖东二路—乐园大街—杨雁路，全程约 5.2km。

网格 4 路线：中高路—杨雁路—京密路—京加路，全程约 11km。

网格 5 路线：中高路—京密路—杨雁路，全程约 8.2km。

网格 6 路线：京加路—京密路—x002—虫高路，全程约 11km。

网格 7 路线：富乐大街—开放路—南华大街—青春路，全程约 10km。

网格 8 路线：京加路—开放东路—开放路，全程约 7.5km。

4）大气环境评估结果

根据颗粒物和大气污染物输送及时空演变观测的数据分析结果和污染物区域分布及网格化排放观测结果，得到示范区的大气环境评估结果如下：

（1）监测期间大部分时段怀柔区 SO_2、NO_2 及颗粒物浓度很低，整体空气质量良好。

（2）来自东南方向（北京市区方向）的输送对监测站点空气质量有明显的负面影响，而来自东北和西北方向的气流有利于污染气体的稀释和扩散。

（3）PM2.5 浓度冬季最高，其次为春季，夏季较低。水溶性离子浓度在 PM2.5 中比例最大，可达到 43％～73％，尤以夏季比例最高，春季次之，冬季最小；碳组分占 PM2.5 浓度的 $17\%\sim26\%$，与水溶性离子的季节分布相反，碳组分在冬季比例最高，夏季最低；无机元素在 PM2.5 浓度中的比例为 $4\%\sim7\%$，其中冬季比例略大一些。

（4）O_3 月均值浓度范围在 $16\sim61\mu g/L$ 之间，最高、最低值分别出现在 4 月和 1 月，小时浓度最高、最低分别发生在 14 时和 5 时，当风向为 SSW 时 O_3 浓度较高，为 NNE 时浓度较低。

（5）从污染物分布上看，怀柔区污染物浓度高值主要位于北部，这与工业区分布有关，产业区的污染物浓度值高于生活区，怀柔老城区 SO_2 排放与产业区基本相当，由于机动车排放 NO_2 大大高于工业区。整个观测期间风速较小，空气质量较好，排放强度较低，未发现生活区、产业区的排放对雁栖湖核心区有明显输送。

（6）结合车载光学遥感监测技术，观测计算了示范区主要大气污染物网格化排放量。结果如表 8-4-3 所示。

各网格主要大气污染物平均排放量（单位：kg/h）　　　　表 8-4-3

污染物	网格 1	网格 2	网格 3	网格 4	网格 5	网格 6	网格 7	网格 8
SO_2	53.54	57.60	33.55	30.60	70.20	7.20	87.00	86.40
NO_2	47.46	7.20	16.70	52.04	63.00	68.4	147.00	40.80
C_2H_4	1.10	44.26	10.30	40.12	—	285.63	35.10	60.80
C_3H_6	1.28	15.60	0.91	10.07		6.06	4.22	4.52
NH_3	4.89	12.87	6.27	10.06		21.35	9.70	29.85
CH_2O_2	0.47	1.67	0.34	0.60	—	2.96	0.49	0.07

（7）值得注意的是，整个监测期间，正值示范区及周边地区进行大规模城市建设，施工扬尘、大型机械和机动车排放等，都会对局地大气质量产生负面影响。因而推测示范区建成后本地排放的大气污染背景浓度可能会较观测期间稍低。

4. 节能减排和新能源利用评估

以雁栖湖国际会都会展中心的能耗和新能源利用评估为例。该中心位于北京雁栖湖生态发展示范区内，主体建筑包括国际会议中心、展览中心及其他配套所需服务用房、设备和安保用房、媒体中心、接待休息及其他配套设施（图 8-4-9）。

会展中心用地规模约 $10.8hm^2$，总建筑面积约 $79000m^2$。地上为 $44000m^2$，地下为 $35000m^2$，容积率 0.4，建筑占地面积 $26000m^2$，建筑高度为 32m。建筑分为地上 5 层，地下 2 层。

1）采暖、空调、照明

雁栖湖国际会都会展中心总建筑面积为 $79000m^2$，其中供暖空调面积约为

图 8-4-9　国际会都会展中心

63657m²，根据能耗分析计算结果将雁栖湖会展中心与参照建筑进行对比，结果见表 8-4-4 所列。从表中数据可以看出，雁栖湖会展中心的单位面积采暖、空调和照明能耗均相对参照建筑较低，总能耗约为参照建筑的 61.5%。

雁栖湖会展中心与参照建筑单位面积能耗对比　　　　　　表 8-4-4

建筑分项能耗	空调面积（m²）	参照建筑（kWh/m²）	雁栖湖会展中心（kWh/m²）	能耗比例（%）
全年采暖能耗	63657	28.32	17.07	60.3
全年空调能耗	63657	30.46	20.69	67.9
全年照明能耗	63657	20.57	11.07	53.8
全年总能耗	63657	79.35	48.83	61.5

2）新能源利用

会展中心根据当地情况，充分利用了新能源。太阳能光伏装机容量为 100kW，太阳能热水面积为 600m²。

北京地区年太阳辐射总量为 5357MJ/m²，100kW 屋顶光伏项目建成后，首年发电量为 11.3 万 kWh，25 年累计总发电量为 250.6 万 kWh，年均发电量达 10 万 kWh，首年等效满负荷利用小时数为 1129h。

太阳能热水器安装完成后，按照每年节约能源 700kWh/m² 计算，每年可节约电量 42 万 kWh。

太阳能光伏发电量、太阳能热水器节约电量共计 52 万 kWh。新能源利用占采暖能耗、空调能耗、照明能耗的 10.30%。

3）能源综合评价指标

（1）数据标准化。

在指标体系中共包含正向指标 4 个，采用公式将数据标准化。对于数值超过目标值的，人为调整使其等于目标值后再计算，数据标准化后的结果见表 8-4-5。

数据标准化结果　　　　　　　　　　　　　　　　　　　　　表 8-4-5

指标	建设前	建设后
单位面积采暖能耗降低率	0	100
单位面积空调能耗降低率	0	100
单位面积照明能耗降低率	0	100
新能源利用率	0	100

（2）指标权重赋值。

采用熵权法，由公式计算得到各指标的权重见表 8-4-6 所列。

各指标熵值及权重　　　　　　　　　　　　　　　　　　　表 8-4-6

指标	熵值 E_j	权重 W_j
单位面积采暖能耗降低率	0	0.25
单位面积空调能耗降低率	0	0.25
单位面积照明能耗降低率	0	0.25
新能源利用率	0	0.25

（3）数据计算结果。

采用加权法计算示范区规划建设前和规划建设后的能源消耗环境绩效指数及单项环境绩效指数，其结果见表 8-4-7 所列。

雁栖湖国际会都会展中心建设前后能源环境绩效指数　　　　表 8-4-7

建设阶段	总指数	单位面积采暖能耗降低率	单位面积空调能耗降低率	单位面积照明能耗降低率	新能源利用率
规划建设前	0	0	0	0	0
规划建设后	100	25	25	25	25

（4）综合评估。

由计算结果可以看出，雁栖湖国际会都会展中心的总能耗（采暖、空调、照明）为参照建筑总能耗（采暖、空调、照明）的 61.5%，采暖、空调、照明能耗分别为参照建筑的 60.3%、67.9%、53.8%；新能源利用占采暖能耗、空调能耗、照明能耗的 10.30%，满足《绿色建筑评价标准》（GB/T 50378—2006）、《建筑照明设计标准》（GB 50034—2004）的规定。

8.5 生物多样性绩效评估

8.5.1 评估目标

生物多样性绩效评估主要是评估城市规划和建设区对本土自然生态系统和重要物种栖息地的影响，以及对生物多样性干扰等，选取的评估指标既要反映生物多样性的现状，也要反映人类活动对其的负面影响和保护。

生物多样性包含遗传多样性、物种多样性和生态系统多样性 3 个层次，由于单一物种内部的遗传多样性难以直观体现，因此选取物种多样性和生态系统多样性作为生物多样性评估的范围。

8.5.2 评估思路

一个区域的生物多样性评估需要多项指标综合判断。大尺度的生物多样性评价方法和指标可以对较大区域范围的生物多样性状况进行评价，也可以对中尺度和城市区域的生物多样性进行评估。该项评估采用了运筹学中的层次分析法（AHP），即将评价要素分解成目标、准则、方案等层次，并在此基础之上进行定性和定量分析。

评估选取了与城市生态建设密切相关的指标，其中关键指标包括反映区域物种多样性情况的本地鸟类指数和本土植物指数，反映生态系统多样性情况的森林覆盖率和典型湿地面积比重，反映自然环境变化情况的代表物种栖息地变化率指数，反映自然环境保护情况的保护区域面积比率，并形成综合的环境绩效评估框架列表（表 8-5-1）：

生态城市生物多样性绩效评价指标体系　　　　　表 8-5-1

目标层	准则层及权重	指标层及权重	指标及权重	参数计算方法	备注
生态城生物多样性绩效综合评价指标	物种多样性现状，0.250	物种多样性，1.000	高等动物种数 0.300	生态城区脊椎动物种类总数	两项指标可双选或其一
			本地鸟类指数，0.200	生态城区鸟类物种数/所在地区鸟类物种总数×100%	
			高等植物种数，0.300	生态城区高等植物种类总数	两项指标可双选或其一
			本土植物指数，0.200	本土植物物种数/本地植物种类总数×100%	

续表

目标层	准则层及权重	指标层及权重	指标及权重	参数计算方法	备注
生态城生物多样性绩效综合评价指标	生态系统多样性现状，0.250	森林或草原生态系统多样性，0.500	森林或草原覆盖率，0.500	森林面积/区域总面积×100% 草原面积/区域总面积×100%	若评估地区无森林可用草原代替
			天然林覆盖率，0.500	天然林面积/区域总面积×100%	
		湿地生态系统多样性，0.500	湿地面积比重，0.500	湿地面积/区域总面积×100%	
			典型湿地面积比重，0.500	典型湿地面积/湿地总面积×100%	湿地中维持生物多样性重要区域
	生物多样性所受威胁，0.250	自然生境破坏程度，1.000	公路密度，0.500	公路通车里程km/陆地面积100km²×100%	
			代表物种生境变化率，0.500	(代表物种栖息地现面积－原面积)/代表物种栖息地原面积×100%	正数为增加负数为减少
	生物多样性保护措施，0.250	自然环境保护情况，1.000	保护区域面积比率，1.000	受保护区域面积/区域总面积×100%	

　　由于上述各指标间没有统一的度量标准，难以直接对比，故对定性指标进行量化和归一化。定性指标一般采用专家打分法，通常分5个等级，取1、2、3、4、5五个量化值。定量指标可根据其性质不同采取不同函数评价（表8-5-2）。

生态城市生物多样性绩效评价指标体系参数赋分标准　　　表8-5-2

序号	参数p_i	分值				
		5	4	3	2	1
1	脊椎动物种类数	≥800	[640, 800)	[480, 640)	[320, 480)	<320
2	本地鸟类指数	≥40%	[30%, 40%)	[20%, 30%)	[10%, 20%)	<10%
3	高等植物种类数	≥2000	[1500, 2000)	[1000, 1500)	[500, 1000)	<500
4	本地植物指数	≥90%	[80%, 90%)	[70%, 80%)	[60%, 70%)	<60%
5	森林覆盖率	≥43%	[31%, 43%)	[19%, 31%)	[7%, 19%)	<7%
6	天然林覆盖率	≥30%	[22%, 30%)	[13%, 22%)	[5%, 13%)	<5%
7	湿地面积比重	≥13%	[11.5%, 13%)	[10%, 11.5%)	[8.5%, 10%)	<8.5%
8	典型湿地面积比重	[20%, 40%)	[15%, 20%)	[10%, 15%)	[5%, 10%)	<5%或>40%
9	草原面积比例	≥45%	[36%, 45%)	[27%, 36%)	[18%, 27%)	<18%
10	公路密度	<10	[10, 30)	[30, 50)	[50, 70)	≥70
11	代表物种生境变化率	<±5%	[±5%, ±10%)	[±10%, ±15%)	[±15%, ±20%)	≥±20%
12	受保护的生境比例	≥20%	[20%, 15%)	[15%, 10%)	[10%, 5%)	<5%

最终评价结果划分为 5 个等级，按百分制计算，分值在 85～100 之间的为很好，分值在 70～85 之间的为良好，分值在 55～70 之间的为一般，分值在 55～40 之间的为较差，分值在 0～40 之间的为很差。

8.5.3 评估结果

1 生物多样性

1）物种多样性现状

由于该地区建设前期未作生物多样性本底调查，动植物总的种类情况不十分清楚，因此本研究选择了 2 个指标来反映区域生物多样性情况，即本地鸟类指数和本地植物指数。

动物多样性方面，目前项目组开展了半年的野外实地调查，初步查清了区域内不同生境鸟类现状。调查共记录到鸟类 69 种，其中繁殖鸟共有 55 种，包括环颈雉、大斑啄木鸟、红嘴蓝鹊等 33 种留鸟，以及白鹭、黑枕黄鹂、虎纹伯劳等 22 种夏候鸟。湿地鸟类共有 15 种，包括小䴙䴘、绿头鸭等 8 种游禽和属于鹭科的 5 种涉禽；其中游禽以冬候鸟和过境鸟为主，绿头鸭最多，还有斑嘴鸭、鹊鸭、红头潜鸭等；涉禽均为夏候鸟。2014 年 1 月发现有上百只绿头鸭和斑嘴鸭在雁栖湖越冬，3 月初又有 70 余只鹊鸭迁至。同时，还记录到有 2 种稀有种类秋沙鸭和潜鸭，由此说明雁栖湖是雁鸭类的主要越冬地和迁徙停歇地。更重要的是，调查中发现了国家二级保护动物 5 种，为普通鵟、雀鹰、苍鹰、红脚隼和红角鸮，均为猛禽。

根据已有调查结果和查询相关资料，利用评价指标计算公式，计算得到雁栖湖地区本地鸟类指数：

$$A_2 (本地鸟类指数) = 生态城区鸟类物种数/地区鸟类物种总数 \times 100\%$$
$$= 69/423 \times 100\% = 16.3\%$$

其中，423 为北京地区近年来有确切记录的野生鸟类总种数（数据来源：北京观鸟会）。

植物多样性方面，应用野生植物种类以及雁栖湖建设绿化用植物种类，估算本土植物指数。根据已有资料分析，得知区域植物种数为 689，本土植物种数为 605，利用评价指标公式计算，得到雁栖湖地区本土植物指数：

$$A_4 (本地植物指数) = 本地植物物种数/地区植物总种数 \times 100\%$$
$$= 605/689 \times 100\% = 87.8\%$$

上述结果显示，该地区本土植物指数是比较高的，说明地区植被以本土物种为主，外来物种较少，外来种多为绿化树种，对本地生态环境没有大的影响。

2）生态系统多样性现状

雁栖湖地区主要的生态系统类型为森林和湿地，故选用这两类生态系统指标来评价区域生态系统多样性情况。

(1) 森林生态系统多样性。

雁栖湖沿湖有较多的山区林地，在规划上作为了生态保育区，选用森林覆盖率和森林的天然性作为评价重点。这些指标参数的所需数据均可通过林业小班信息和遥感图获得，并结合实地查看进行校正，易于获得。

雁栖湖周边天然林地较少，人工林为主，包括作为商品林的苹果林、板栗林等，以及作为风景林或水源涵养林的油松林、侧柏林等。林下灌丛优势种主要是荆条和酸枣。据林业小班调查资料，雁栖湖地区 2010 年林地总面积为 1492.87hm²，天然林面积为 398.85hm²。2014 年森林面积 1434.58hm²，天然林面积 392.76hm²。根据上述分析结果，利用森林多样性评价公式计算，得到森林 2 个评价指标(森林覆盖率 B1、天然林面积比例 B2)2 个时期(建设前后)的数值，计算如下：

2010 年：

B_1(森林覆盖率)＝森林面积/区域总面积×100％

$\qquad$＝1492.21/2097.97×100％＝71.13％

B_2(天然林面积比例)＝天然林面积/区域总面积×100％

$\qquad$＝398.85/2097.97×100％＝19.01％

2014 年：

B_1(森林覆盖率)＝森林面积/区域总面积×100％

$\qquad$＝1434.58/2097.97×100％＝68.38％

B_2(天然林面积比例)＝天然林面积/区域总面积×100％

$\qquad$＝392.76/2097.97×100％＝18.72％

2014 年与 2010 年对比，即建设前后变化情况对比如下：

RB_1(森林覆盖率变化)＝ －2.75％

RB_2(天然林面积比例变化)＝－0.29％

(2) 湿地生态系统多样性。

雁栖湖地区有大面积的水域，但类型较为单一，因此未选湿地类型的多样性作为评价指标，而选择了湿地规模和对生物多样性重要的典型湿地面积作为评价指标。湿地的规模即湿地面积比重，为湿地面积与区域总面积之比；典型湿地面积即典型湿地比重，指物种多样性非常丰富的浅水沼泽、滩涂、苇丛等生境面积与区域总面积之比。这两项指标的参数所需数据均可通过遥感图结合实地调查获得，现根据相关资料和遥感图解译结果，指标参数计算结果如下：

2010 年：

B_3(湿地面积比重)＝(湿地面积/区域总面积)×100％

$\qquad$＝(231.15/2097.97)×100％＝11.02％

$$B_4(典型湿地比重) = (典型湿地类型面积/区域总面积) \times 100\%$$
$$= (22.63/231.15) \times 100\% = 9.79\%$$

2014 年：

$$B_3(湿地面积比重) = (湿地面积/区域总面积) \times 100\%$$
$$= (241.49/2097) \times 100\% = 11.52\%$$

$$B_4(典型湿地比重) = (典型湿地类型面积/区域总面积) \times 100\%$$
$$= (20.24/241.49) \times 100\% = 8.38\%$$

2014 年与 2010 年对比，即建设前后变化情况对比如下：

$$RB_3(湿地面积比重) = 11.59\% - 11.02\% = 0.47\%$$

$$RB_4(典型湿地比重) = 8.38\% - 9.79\% = -0.41\%$$

对比结果显示，建成后湿地总面积因水面扩大略有增加，而典型湿地面积却略有减少。

3）自然环境破坏程度

在自然生境破坏程度方面，选择了公路密度和代表性物种栖息地变化率 2 个指标。根据已有数据和遥感图分析，利用 2 个指标计算示范区自然生境破坏程度（图 8-5-1、图 8-5-2）。

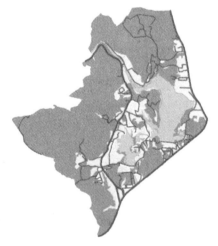

图 8-5-1　2010 年雁栖湖地区道路状况图　　图 8-5-2　2014 年雁栖湖地区道路状况图

（1）公路密度。

2010 年：

$$C_1(公路密度) = (公路通车里程/陆地面积) \times 100\%$$
$$= (64178/2097.97) \times 100\% = 30.59$$

2014 年：

124

$$C_1 (公路密度) = (公路通车里程/陆地面积) \times 100\%$$
$$= (63672/2097.97) \times 100\% = 30.35$$

公路密度 2014 年与 2010 年对比，即建设前后变化情况对比如下：

$$RC_1 = 30.35 - 30.59 = -0.24$$

计算结果显示，建成后的道路比建成前还略有减少，主要是因为农村搬迁后的乡村道路减少所致。数据显示区域内道路指标数值中等偏好，也就是道路建设对区域自然生境的破碎化影响不大。

（2）代表性物种栖息地变化率。

根据地区特点，选取了 4 种鸟类作为代表性物种来反映区域自然生境的变化，大斑啄木鸟作为森林环境的代表鸟类，环颈雉作为依赖灌丛农田生境的代表鸟类，夜鹭作为依赖典型湿地生境的代表鸟类，绿头鸭作为依赖开阔水域和泥滩地生境的代表鸟类。结合雁栖湖地区多山林、有农田、大面积水体的特点，选取了绿头鸭、夜鹭、环颈雉、大斑啄木鸟 4 种鸟作为代表物种。这 4 个物种均为常见物种，能代表不同生境类型特征，并且反映环境变化。

调查结果显示，2010 年雁栖湖地区适合绿头鸭觅食栖息的开阔水域及适宜其夜宿、休憩的裸露滩地，总面积 222.92hm²；适合夜鹭栖息的滩涂、沼泽、水生植物群落和滨岸阔叶林，总面积共 65.32hm²；适合环颈雉生存的农田、灌木林地，具密度适宜的灌丛而乔木密度不致过大的林地总面积 1239.77hm²；适宜大斑啄木鸟生存的干扰较小的成熟阔叶林及混交林，总面积共 795.67hm²。4 种代表物种适宜栖息地合计总面积为 1742.83hm²。

2014 年，雁栖湖地区适宜绿头鸭的生境总面积共 228.55hm²，适宜夜鹭的生境 65.33hm²，适宜环颈雉的生境共 1066.32hm²，适宜大斑啄木鸟的生境共 707.63hm²。代表物种栖息地总面积为 1568.21hm²。

2014 年与 2010 年相比，4 种代表性物种适宜栖息地面积变化情况如下：

$$C_2 (代表物种生境变化率) = (现面积 - 代表物种栖息地原面积)/代表物种栖息地原面积 \times 100\%$$
$$= (646.11 - 697.65)/697.65 \times 100\% = -7.39\%$$

上述结果显示，代表性物种栖息地面积建成后较建成前略有减少。尽管作为陆域生境代表的环颈雉、大斑啄木鸟栖息地在核心岛处因建筑而有所减少，但作为水域生境代表的绿头鸭栖息地面积却有所增加。

4）自然环境保护情况

雁栖湖地区原有林地中在 2010 年已部分进行了封山育林，建成后到 2014 年将对更大面积林地进行封山育林。根据评价指标计算公式和已有数据，计算结果如下：

2010 年：

D_1（保护区域面积比率）＝（受保护区域面积/区域总面积）×100％
＝362.87/2097.97×100％＝17.30％

2014 年：

D_1（保护区域面积比率）＝（受保护区域面积/区域总面积）×100％
＝975.59/2097.97×100％＝46.50％

2014 年与 2010 年相比，受保护区域面积比率有较大增加，计算结果如下：
RD_1＝46.50％－17.30％＝29.2％

5）综合指标评价结果

根据评价指标和参数赋分标准，计算得到示范区生物多样性保护绩效各项评价结果（表 8-5-3）。

北京雁栖湖生态发展示范区生物多样性保护绩效综合评价结果　　　表 8-5-3

目标层分值	准则层分值	指标层分值	指标	实际值与分值
生物多样性绩效综合评价，3.625	物种多样性，3.00	物种多样性，3.00	本地鸟类指数	16.3％，2
			本地植物指数	87.8％，4
	生态系统多样性，3.50	森林生态系统多样性，4.00	森林覆盖率	68.38％，5
			天然林面积比例	18.72％，3
		湿地生态系统多样性，3.00	湿地面积比重	11.5％，4
			典型湿地比重	9.94％，2
	生物多样性受到的威胁，3.50	自然生境破坏程度，3.50	公路密度	30.35，3
			代表物种栖息地变化率	－7.39％，4
	生物多样性保护措施，5.00	自然环境保护情况，5.00	受保护的生境比例	46.50％，5

将上述各项参数加权重归一化后，计算得到雁栖湖生态城生物多样性保护绩效综合评价结果为 3.625，百分化后为 72.5，级别为二级（良好）。

8.6　总结与建议

8.6.1　评估结果总结

1. 土地利用

1）土地利用变化方面

雁栖湖生态发展示范区的建设，改变了示范区内的下垫面和各类用地的结构，且新增建设用地造成的人口构成变化也带来了污染物排放的变化。从以上 3 个方面的评价结果来看，无论是综合径流系数、生态服务总价值，还是污染物净输出量，2013 年相对 2010 年总体环境绩效有所下降，对周边的环境贡献有所减弱，也即是说示范区的建设对示范区的生态涵养区的功能发挥造成了一定的影响，但总体来说还处于可控的阶段，未来可通过一定的手段和措施来改善示范区的综合环境绩效。

造成影响的主要原因包括 3 个方面：①随着示范区的建设，新增了部分建设用地，而同期拆除的建设用地在 2013 年时尚未恢复为生态用地，从而导致总的生态用地量的减少；②由于 2013 年示范区正处与建设过程中，受到施工的影响，需要大片的临时施工用地，对部分地区的植被有一定的破坏，造成了整个地区非建设用地的质量下降；③新增的建设用地带来人类活动强度的改变，使污染排放负荷也会有所增加，对示范区的环境绩效造成了消极影响。

2）土地修复治理方面

通过对示范区建设前后土地修复治理的环境绩效指数的分析，可以看出：

（1）从综合土地环境绩效指数来分析，示范区建设后土地修复治理的绩效指数从 4.08 提升至 99.65，说明目前示范区的土地环境治理的目标已基本实现。

（2）从单项土地环境绩效指数来分析，示范区建设后土地环境治理绩效的提高主要归因于旧村庄的搬迁整治和整治后土地再利用的生态环境的构建，说明在示范区规划建设中，旧村庄用地的整治和整治后土地再利用的生态环境的构建是示范区生态建设的关键部分。

（3）通过对示范区的土地环境治理的绩效评估，得出示范区内的土地环境质量良好，除砷外，无不达标污染因子。经分析，由于重金属砷的超标样点出现在覆盖土层中，所以可能是由于绿化过程中施用含砷农药或化肥所致。

（4）通过对示范区的土地环境治理的绩效评估，得出示范区内的地下水环境没有出现因土地污染物的迁移而引发污染的现象。

2. 水环境保护

雁栖湖生态发展示范区建设过程中，水生态环境特征为：

（1）辛庄村、柏崖厂村和泉水头村的农村居民迁出，地下水开采量减少，涵养了当地地下水，有利于雁栖湖的补给，雁栖湖周边地下水位回升。

（2）雁栖湖下游地下水水位基本稳定，水质均符合Ⅲ类限值要求。

（3）雁栖湖上游河流的水质动态特征无明显改变。

（4）雁栖湖化学需氧量、生化需氧量、氨氮、总磷、高锰酸盐指数等指标基本符合《地表水环境质量标准》（GB 3838—2002）Ⅲ类标准限值，但总氮指标多次出现超过Ⅴ类标准限值，表明雁栖湖周边含氮有机物污染相对较为严重。

可以看出，示范区建设过程中，没有对示范区带来新的水环境污染。

3. 局地气象与大气质量

发展建设会使得该地区通风环境和热环境有所恶化，但仍在较好范围内，地区整体空气质量良好，各区域排放强度较低，污染物浓度高值主要位于产业区，未发现生活区、产业区的排放对雁栖湖核心区有明显输送。同时，示范区建设后能源利用目标实现程度较高，在节能、减排方面的环境绩效均有所提高，并在一定程度上实现了新能源利用率的提高。具体来说：

1）通风环境方面

在主导风（西北风和北风）背景下，示范区规划实施前后的通风潜力整体有所下降，通风潜力指数（VPI）由 0.5345 降低为 0.4375，但仍在较好范围。雁栖湖东北部、雁栖湖南部的配套小镇、红螺湖周边山前处这 3 大区域的通风潜力将明显降低。其中，雁栖湖东北部建立的大量楼群不仅对该地的通风环境造成影响，而且可能使得示范区整体通风环境恶化；南部配套小镇处的高通风潜力区域大面积减小，但雁栖湖核心区内建筑物数量增加较少，规划方案实施后，西北气流仍可以到达小镇地区；在红螺湖周边山前处，建设之后在东南部出现大量建成区，通风环境恶化，特别是红螺湖南岸沿湖而建的建筑物位于西北风和湖陆风通道上，对气流产生阻挡。

2）热环境方面

规划方案实施后，示范区的热环境有所恶化，表现为城市热岛面积和强度较现状均有所增大，而且怀柔城区北部和雁栖产业组团两大热岛区域有相连成片的可能，但示范区核心区内的热岛范围和强度变化较小，仅在部分新建建筑物区域出现零星的热岛分布。规划实施前后的热岛比例指数（UHPI）分别为 0.0624、0.0878 和 0.1217，热岛比例指数逐步增大，热岛评估等级由轻微或无热岛等级变为了一般等级，总体仍在较好范围之内。

3）大气环境现状评估及主要大气污染物网格化排放量观测方面

外场观测表明，示范区整体空气质量良好，空气污染物输送主要来自东南方向，而东北和西北向气流有利于污染气体的稀释、扩散。就各项污染物浓度而言，NO_2 在静稳天气下具有明显早晚高、中午低的日变化趋势，可能与机动车早晚高峰相关；各季节 PM2.5 浓度冬季最高夏季最低。PM2.5 成分中所占比例最大的为水溶性离子，尤以夏季比例最高，其次为碳组分和无机元素，二者在冬季比例最高；O_3 月均值浓度范围在 $16\sim61\mu g/L$ 之间，最高、最低浓度对应风向分别为 SSW 和 NNE。

污染物浓度在各区域的分布为北部产业区浓度总体最高，高于生活区，怀柔老城区的 SO_2 排放与产业区基本相当，受机动车排放影响，NO_2 浓度较高。观测期间，未发现生活区、产业区的排放对雁栖湖核心区有明显输送，且城市建设可能对局地大气质量产生负面影响，因而推测示范区建成后的本地排放量还将稍有降低。

4）节能减排与新能源利用方面

示范区规划建设后节能减排与新能源利用环境绩效将得到较大提高。通过围护结构优化设计、暖通空调优化设计，以及太阳能光伏、太阳能热水等的应用，不仅使得示范区在节能减排方面的环境绩效成果明显，而且实现了新能源利用率的大幅提升。

4. 生物多样性

从示范区评价结果来看，城市生态建设在生物多样性方面整体情况良好，生物多样性绩效评价总分为 77.6 分，等级为二级（良好）。各分项指标中，生物多样性保护措施得分最高，其原因主要是建成后相关部门积极采取措施，加大了封山育林和保护区域的面积，使得山区生态系统得到较完整的保护和恢复。其次是生态系统多样性得分较高，其原因是示范区建设集中在湖区附近，对周边山区生态系统干扰较少，因此山区生态系统特别是森林生态系统未受到明显影响。同时，湿地生态系统虽然因建设受到了一定的影响，但建成后又人工补建了一些苇丛湿地和水生植物景观湿地等，增加了湿地生态系统的多样性和水生动物栖息地。评价选项中得分较低的是物种多样性，其原因：一是示范区面积不大，生境多样性不是非常丰富，因而导致物种多样性不高；二是示范区刚刚建成，环境还在变化，导致一些物种暂时不能迁居至此；三是本次调查时间紧，周期短，未能作全面调查，自然会有一些物种遗漏。总之，新建的示范区初期达到此水平已经相当不错，随着城市生态环境保护措施的加强和实施，新城的环境绩效一定会不断提高。

8.6.2 对当地开发建设的建议

1. 优化雁栖湖周边环境，防止热岛区域连片发展，构建城市通风廊道

（1）周边功能布局调整。①东南风场是示范区主要污染来源方向，这种情况下北京市区污染物对雁栖湖区域有一定影响，如果在雁栖湖东南方向规划建设规模较大，东南方向的输入叠加局地的排放，对雁栖湖的影响不容忽视。在未来怀柔规划发展中应避免东南方的高密度和产业建设，可以向东北和西北方向进行分散。此外，连片的小区建筑物建设前（如怀柔南部小镇和红螺寺山前），应进行评估分析，在建筑物布局和高度上优化设计，使其保持更好的通透性。②根据怀柔区工业区分布情况，污染物浓度高值主要位于北部，产业区的污染物浓度值高于生活区。在特定风场下产业区本地排放集聚的污染物也会对怀柔城区及雁栖湖会议区空气质量产生影响，在未来规划发展中应该适当分散工业企业。

（2）降低机动车污染物排放。近年来随着经济发展、大规模建设、机动车保有量的增加，导致怀柔老城区污染物排放与产业区基本相当，特别是大量交通排放导致了老城区 NO_2 大大高于工业区排放，形势不容乐观。在南风和西南风场下，污染物将会对下游雁栖湖会议区空气质量产生影响。在未来规划发展中应着力控制机动车使用强度，加强对在用车，特别是老旧、黄标等重污染排放车辆的监管；加快车辆清洁能源改造进程；加强宣传，大力发展绿色交通。

（3）构建城市通风廊道。结合示范区周边地区土地功能规划，发现主要建设用地西北部开敞空间较多，并且存在多个南北走向的主要道路和河道。因而可以考虑利用南北走向的河道、主要道路、绿道等作为通风廊道，将建成区西北部开放空间（冷源）生成的新鲜空气，以及偏西北向的背景风，引入示范区东南部建设区域，缓解该地区大面积城市建设对局地气象和大气质量造成的负面影响。为了构建互相连通的通风廊道，避免断头和节点的阻隔。需要合理增加通风廊道的设计，保留廊道用地，不得侵占。

（4）防止连片建设，缓解城市热岛。对示范区建设的热环境绩效评估结果表明，其东南部的雁栖产业组团地区的热岛面积和强度在规划方案实施后较现状均有所增大，而怀柔城区北部和雁栖产业组团两大热岛区域有相连成片的可能，应防止怀柔城区北部和雁栖产业组团两大热岛区域强热岛的连片发展，阻隔较强热岛向强热岛的蔓延发展。

2. 加强节能减排，重点提高发电能效和建筑用能效率，推广可再生能源应用，开展区域能耗监测

（1）加强节能减排，提高能源效率。在城市建筑全寿命周期内，从采暖、空调、照明等各个方面做到节约资源，以此来达到保护环境和减少污染的目的，创建节约型、环境友好型社会，实现环境的可持续性发展。在城市生态建设过程中，强化政府的引导与推动，发挥示范引领作用，同时要从材料准入、规划设计到施工监督全过程形成闭合监管，在工程建设各个环节严格把关。在建设过程中，提高发电能效和建筑用能效率将是重点。

（2）推广可再生能源应用。发展可再生能源具有改善环境，减少温室气体排放和多元化能源供应的多重作用。在雁栖湖地区可以重点推广太阳能光伏发电、太阳能发热、地源热泵空调系统等可再生能源：①利用本地区工业厂房、居民建筑、酒店建筑等屋顶实施太阳能光伏发电，为企业、居民提供照明用电，富余电量可提供本地区其他设施利用；②以太阳能 LED 路灯或风光互补路灯替代传统的 LED 路灯，降低规划区运行对外界的供电依赖；③雁栖湖所在地区属太阳能资源中等区，全年日照超过 2500h，根据现有技术成熟程度、运行成本、运行稳定性等因素，建议广泛应用太阳能热水技术；④怀柔区地下水资源丰富，并且周围有潮白河地表水系，规划范围内的水系、绿地、广场、停车场及单层建筑的地下空间可以作为土壤源热泵的地埋管区域，推荐地源热泵系统向建筑物供热、制冷。

（3）加强区域能耗监测。从采集对象与指标、能耗数据采集方法、能耗数据处理方法、能耗数据展示、能耗数据编码、能耗数据质量等方面入手，构建区域能耗监测系统、单体建筑能耗监测系统，并与区级数据中心、市级数据中心相连构成自上而下的分布式信息网络，形成一个集安全、管理和维护三位一体的建筑能耗监测管理系统。

3. 优化示范区功能布局，提升生态用地的质量和状态

（1）控制建设用地的总量。建设用地的增加无疑会占用生态用地，必然会对生态服务造成一定影响，同时建设用地的增加无疑会改变下垫面，比如会对诸如下垫面、地貌粗糙度等造成影响，从而对气候调节、水文调节、气体调节等多项生态服务造成影响。

（2）提升生态用地的质量和状态。在保证一定面积和规模生态用地如水域、林地、耕地等的前提下，要积极改善和提升生态用地的质量。对于水域要尽可能保证水量，同时创造有利的水动力条件；对于林地则主要改善林种结构配比，提高森林覆盖率，增加生物量，从而强化生态用地的服务功能；针对施工过程中破坏的植被地区，要积极开展植被修复和恢复工作，减少施工过程对生态用地服务能力的影响。

（3）采用低冲击开发模式。在建设的过程中，要积极采取多种措施，来减弱建设和人类活动带来的对环境的消极影响。如采用低冲击开发模式，通过综合运用防、排、蓄、滞、渗等工程技术手段，通过各类低冲击设施来调节雨水，增加雨水的集雨时间，降低场地的综合径流系数。

（4）注重土壤质量维护。未来在示范区的建设过程中，应注意对示范区绿化的保持和维护，防止因建设行为导致的破坏；在对示范区的绿化进行维护的过程中，应注意磷肥和杀虫剂的正确合理使用，防止砷污染的恶化；对土壤砷含量超标区域放养某些低等生物如蚯蚓，或者种植蜈蚣草、大叶井口边草等砷的超富积植物，对砷污染土壤进行修复改良；要严格按照环保要求排放处理厨余垃圾等污染物，防止新增污染物对土壤环境质量的破坏。

4. 区域自然环境和生物多样性

（1）避免生境的破碎化。减少自然区域道路的开辟和建设，道路对自然景观、生态系统和物种有着显著的影响，因此应控制道路的建设，即使建设也要注意道路的建设位置、长度和宽度等，最大限度地减少对自然环境的影响。

（2）保护区域自然环境和生物多样性。城市生态规划和建设中一定要注意保护周边的自然环境，特别是森林和湿地。城市生态建成后仍要积极保护本地的自然生态系统和野生动植物，建立相应的自然保护区、封山育林区、景观保护区等，以有效保育和维持本地区生物多样性；增加湿地生态系统的多样性，湿地中水陆交接的沼泽、滩涂湿地又是重中之重；城市绿化多选本土物种少用外来种，并且多层次绿化，适量种植野生动物（鸟类）的食源树，为野生动物提供更广阔的生存空间；积极宣传生物多样性保护意识，减少人为干扰。

5. 加强上游雁栖河道的治理，控制初期雨水污染，建构地表水水质在线监测网

（1）利用南水北调的水使怀柔应急水源地"休养生息"。在保证供水安全的前提下，尽可能扩大南水北调的供水范围，减少对地下水的开采，提升怀柔应急水源地的地下水水位，逐步恢复怀柔应急水源地的"应急"功能。

（2）进一步加强上游雁栖河道的治理。目前雁栖湖的水质总体为 III 类，但总氮指标超标较为严重，部分时段甚至超过 V 类标准限值。建议进一步加强上游雁栖河道的治理，加强雁栖河渔业养殖的鱼池污水循环处理，拆除布局不合理的拦水坝，疏通河道，恢复河道的自然形态。

（3）加强示范区内的初期雨水的污染控制。建议关注示范区内道路、广场、停车场的面源污染，尤其是含有较高污染物浓度初期雨水的控制应进一步加强，避免初期雨水直接入湖，可引导初期雨水进入示范区内的中水处理设施或生态湿地，经净化后再排水雁栖湖。同时，流动性人口的增加会产生大量的生活垃圾，应控制旅游船只与游人数量，同时进一步完善示范区内（含湖面）的垃圾收集体系，保持示范区内的良好环境卫生。

（4）建立示范区地表水水质在线监测网。选择雁栖河进入示范区的过水断面、柏崖厂村入湖断面和水库管理塔（湖区），建立 3 个水质在线监测站，构成示范区地表水水质在线监测网。

第 9 章

环境绩效评估案例（二）：广州市海珠区海珠生态城

9.1 项目概况

9.1.1 基本情况

广州海珠生态城位于海珠区，它是广州中心城区的重点发展区域，地理位置十分优越，可以承载多元复合功能，项目规划总用地 90km²，一期范围为 52km²。

区域内生态资源丰富，历史文化底蕴深厚，具有建设生态城的独特条件：

（1）拥有岭南水乡和岭南果林的优美生态环境，区域内有世界最大的城市中心区湿地公园，有 1 个大型人工湖，43 条河流及小溪，28km 沿江岸线，可以打造成为岭南水文化的集中展示区；有万亩果园，可以建设成为岭南水果和亚热带植物为主题的园林景观，具备建成蔚为壮观、美轮美奂的世界级旅游区的潜在条件。

（2）拥有现代城市地标建筑和历史文化遗产，既有广州塔、琶洲会展中心、城市中轴线等典型代表性的地标建筑，又有黄埔古港古村、七星岗古海岸等广州地理历史文化变迁的文化遗产，可以展示广州建设国际商贸中心和世界历史文化名城的魅力。

（3）具有规划建设现代服务业和宜居宜业的良好自然环境，区内拥有琶洲地区及新中轴线南段的会展、商务、金融、文化、创意等现代服务业，未来还有建筑密度相对较低的居住区建设空间，具备城市宜居宜业的先天条件。

9.1.2 规划概要

1. 海珠生态城规划的功能定位

根据广州市城市功能布局规划，海珠生态城将建设成为都市绿心、生态城区，因此确定了"宜居低碳城区、都市绿心、城市生态文化旅游休闲区"（图 9-1-1）等 3 大定位。通过发挥万亩果园都市绿心的生态优势，未来将建成集会展商务、总部经济、文化创意等功能于一体，兼具东方气派与岭南韵味的"花城、绿城、水城"样板区。

2. 海珠生态城规划的功能分区

发展以会展配套、总部经济、旅游休闲、节能环保、文化创意、高端服务等六大主导产业，根据产业分布的空间特征，打造"一园四区"的总体布局，一园指的是万亩果园湿地及配套区，四区分别为文化观光区、综合服务区、会展配套区和滨水商住服务区（图 9-1-2）。

图 9-1-1　海珠生态城功能定位图

图 9-1-2　规划效果图

3. 海珠生态城规划的生态建设

海珠生态城的最大的生态亮点是打造广东海珠国家湿地公园。强化"广州南肺"的生态效益，保护海珠湖地区自然地貌，提升物种多样性。在国家级湿地公园总体规划要求下，建设面积 2248 亩的海珠湖（图 9-1-3）。引入文化、休闲等

图 9-1-3　海珠湖示意图

功能，突出"低碳城区、都市绿心、生态休闲"，实现保护与利用双赢。按湿地控制区内"合理利用区和生态游憩区"进行严格控制，同时加强生态环境监测等措施。划定湿地外侧不少于100m的地区作为生态协调区（图9-1-4），严格控制项目建设。

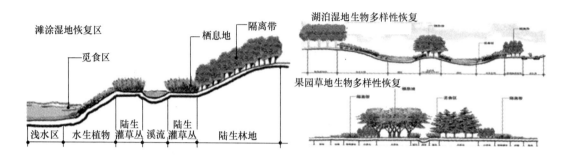

图 9-1-4　湿地保护示意图

9.1.3　近期建设目标

规划先期制定分区建设计划，划定了8.9km²的海珠生态城启动区作为近期建设的目标范围（图9-1-5），其中涵盖中轴线南段核心区、海珠湖和安置区等近期重点项目。

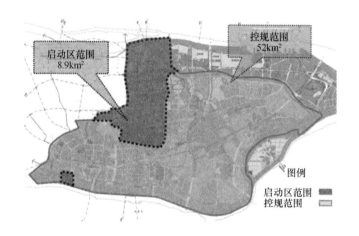

图 9-1-5　启动区位置图

围绕"功能优化、生态维育、产业升级、人文传承、民生幸福、实施保障"这六大升级转变，在启动区内制定32个重点项目（图9-1-6），启动实施海珠生态城建设。重点项目主要涉及省市重点项目、民生安置、近期政府主导收储等项目。

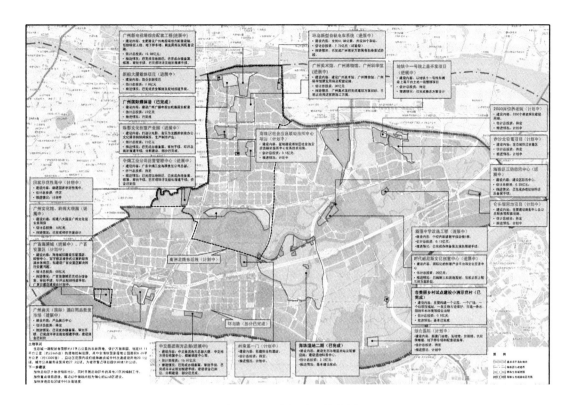

图 9-1-6　重点项目分布图

9.1.4　建设实施现状

1. 总体建设进展

海珠生态城的资源条件优越，内部水系阡陌纵横，河网密布；会展品牌引领，产业集中；历史传统悠久，文化交融；生态区位凸显，绿道汇聚，但存在着人口结构复杂与低端产业并存，三旧用地产出率不高，历史文化底蕴深厚但缺乏政策性保护等现状问题。为加快生态城的建设，海珠区确定了十项重点建设项目，包括文化中心四大馆建设、美丽乡村建设、海珠湿地建设、安置区建设、有轨电车试验段、水环境治理工程等项目，涉及生态设施、市政水利、商务科技、文化创意、民生基础、古村古港历史传承等类型。

2014 年，国家林业局正式批复《广东海珠国家湿地公园总体规划》，该湿地公园地处海珠生态城内的万亩果园中（图 9-1-7），主要开放区域包括现有的海珠湖、湿地一期和湿地二期。湿地公园北面琶洲会展，南望大学城，东临国际生物岛，西跨城市新中轴，总面积 869hm² ，是全国特大城市中心区最大、最美的国家湿地公园，为公众构建可及、可达、可享受的都市休闲区域（图 9-1-8）。

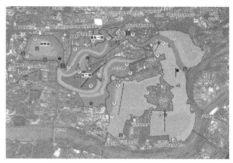

图 9-1-7　海珠国家湿地公园区位图　　　　图 9-1-8　海珠国家湿地公园规划

2. 海珠湖的建设

海珠湖是海珠区首个水利与生态相结合的大型建设项目，兼具调洪蓄涝、污水治理和生态环境营造等功能，与石榴岗河、大围涌、大塘涌、上冲涌、杨湾涌、西碌涌 6 条河流构成一湖六脉的水网格局。

海珠湖于 2011 年 10 月免费对市民开放。公园湖心区面积 1422.6 亩，其中水面面积 795 亩，由内湖和外湖组成。外湖实际上是由 6 条河流相连组成的"玉环"，环抱着圆形的内湖。海珠湖公园恰好与广州塔、体育中心呈一直线，湖区、果园组成了广州市中轴线南段的"生态绿轴"，成为名副其实的广州"绿心"（图 9-1-9）。

图 9-1-9　海珠湖规划图及现状照片

3. 海珠湿地的建设

1）海珠湿地一期示范区

湿地一期为海珠湿地建设的示范区（图 9-1-10），是海珠湿地核心区和生态湿地示范区，于 2012 年 10 月正式对游客开放。用地面积约 70hm^2，水域面积占 42%，约为 28.3hm^2，水深平均 1.5m，全部为流动的活水。示范区注重将岭南水乡的本土文化特色融入湿地美景，以恢宏大气的岭南式牌坊和历史悠久的镬耳屋作为湿地的标志性建筑，以果林湿地作为独特的自然风貌，适当引入开发适宜当地生长的优良品种植物，建设成为独具岭南水乡文化特色的原生态湿地景观，打造出海珠湿地保护利用的样板区域。

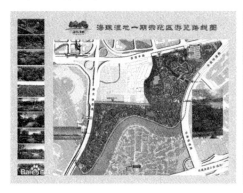 

图 9-1-10　湿地一期规划图及现状照片

2）海珠湿地二期

湿地二期位于一期的南侧，石榴岗河以南区域（图 9-1-11）。二期在吸取一期优秀成果的基础上，利用、整合现有建设用地，结合城中村改造及市环保局监测中心建设，完善湿地服务配套设施及科普宣教功能，同时最大限度保护现有果园，维护湿地生态系统的完整性，进一步强化自然、生态、野趣的湿地特色。目前湿地二期的建设进度仍在不断的推进中。

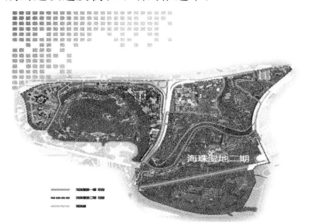

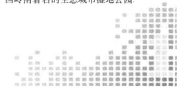

海珠湿地公园二期工程设计方案

海珠湿地二期概况：海珠湿地片区总面积4597.5亩（306.5hm²）总体水域面积：2212亩（146.8hm²）水域面积占总用地面积：47.8%
海珠湿地二期核心区：总面积1883亩（125.5hm²），以修复果园湿地为主，集科普、休闲、服务于一体的中国岭南著名的生态城市湿地公园.

图 9-1-11　海珠湿地公园二期工程设计方案图

9.1.5　环境影响的关键点

1. 土地开发

从环境绩效角度，土地开发的环境影响敏感点按照从基本到高级主要表现在生态底限、土地集约节约、衍生效益 3 个方面。

生态底限，是土地开发环境影响最基本的方面。城市的发展需要用地，但土地首先是大自然生态系统中的一个组成部分，而且是不可再生的资源。城市通过在土地上进行建设而获得发展，难免带来土地原有生态功能的改变；假如过分的从土地的量上要发展，极可能导致土地原应发挥的生态功能被削弱，进而引发大自然生态系统的紊乱乃至破坏，最终反而抵消甚至破坏城市发展的成绩。因此，用于城市建设的土地将不能损害土地在大自然中应有的作用发挥，生态底限就是为了保证用于城市建设的土地的结构或比例不会影响大自然生态系统循环的基本需求。

土地集约节约，是土地集约利用环境绩效的一般要求。随着我国经济的快速发展和城市化进程的不断加快，城市发展对用地的需求越来越大，城市土地的供需矛盾越来越严重，解决这一矛盾的关键是对土地集约节约利用。土地的集约节约利用有重要的现实意义，可以促进城市土地结构合理化，防止土地浪费和无序蔓延。对土地的集约节约的敏感点主要有两方面，包括土地集约和生态宜居。土地集约是对土地利用率与开发强度的考察，因为在一定的可建设用地面积下，闲置用地越少，重复利用的已建设用地越多，开发强度越大，则对可建设用地资源利用得越充分。但也应注意开发强度提升是在保证基本生态安全和资源承载力的前提下进行的，不应追求过高的开发强度而损害了生态环境。生态宜居间接反映了土地集约利用的程度，城市越适宜居住，土地利用越合理。

衍生效益，是基本环境敏感影响的外延。土地开发最基本的方面，即是土地的投入—产出效益，而且主要是经济效益。评价中也应反映土地利用绩效评价自身的特色，通过对土地投入—产出的分析，表达在既定的生态控制程度下生态城的土地利用各方面价值的发挥。一般来说，建设用地的效用主要是城乡经济、社会发展，生态用地效用主要是维持自然生态系统的良好运行，是提高生态绩效的空间支撑。对应地，良好的生态绩效可以促进有限的建设用地经济衍生价值的提高，可以用衍生价值体系的变化解释生态绩效的变化。衍生价值的创造，可以反哺生态因子，进一步提高区域生态效益绩效。对衍生效益的分析主要可从三方面进行，包括土地产出、人口效益和能源节约。土地产出主要分析土地的投入—产出关系以反映回报效率的提升和土地的增值。人口效益是指在既定的土地开发强度水平下所容纳的各类人口量，因为人是创造价值的源泉，更多的人口意味着更大的价值产出。能源节约是从资源的高效利用角度，考察合理的土地利用所带来的成本节约效益及循环利用效益。

2. 水环境

海珠生态城由珠江水系广州河段前、后航道环绕。前、后航道上游受来自流溪河、北江和西江的部分径流影响，下游受来自南海经虎门进入的潮汐作用，因此前、后航道属径流潮流共同作用的河段。潮汐类型属于不规则半日混合潮，每天有2次涨潮和2次落潮。海珠区内河网纵横，有河流76条，大部分平原区地势低洼，有些围堤的农田甚至低于珠江正常高水位。

生态城建设以水质为反映环境绩效的最重要、最基本的敏感因子。一方面，海珠生态城水系为感潮河网，其自身这一特性具有污染敏感性。污染物在水体中因潮汐作用较易在一定范围内来去回荡，影响范围与潮汐作用、水文条件有关。因此，区内污染进入水体中，在一定水文条件和作用下，污染物将可能在区内水体中徘徊，从而影响水环境质量。生态城水闸建设、调水补水等相关工程措施均需考虑利用潮汐这一因素，加强水体流动、交换，才能利于水质改善。另一方面，生态城规划和有关措施对环境水体水质具有一定作用。生态城水系规划对现状水系进行调整，将水闸整体外移至河流与珠江连接处，连通水系，并根据河流具体功能的差异，将调整后的水系分为 3 种类型：湿地水系、景观水系、果园水系，其中湿地水系主要通过破堤、疏通内部支流的方式，形成以湿地景观为主的水系，并通过湿地与河流进行能量交换，起到净化水质的作用。生态城规划中还有多项水质改善措施：截污纳管、生态补水、人工湿地、退耕还湿、生态滞留带、曝气充氧、生态浮岛，这些措施的效果最终是集中反映到水质这一指标当中。

生态城区内现状排水体制主要为合流制排水系统，规划排水体制以实现雨、污分流制为最终目标。区内集中式城市污水处理厂（沥滘污水处理厂）规划到 2020 年规划的处理规模由目前的 50m^3/d 扩建到为 65 万 m^3/d。污染治理效果影响着污染物的排放，也将反映水环境质量改善的绩效。

3. 大气环境

城市建设通过改变城市下垫面、大气成分、人工热源等方式造成大气环境一定程度的改变。一方面城镇人口的急剧增长和城市规模的不断扩大，改变了城市区域的土地利用结构、气层下垫面特性和热源的分布，进而导致极大地改变了城市大气的热力和动力状况。另一方面城市工业排放的大量烟尘、气溶胶、颗粒物以及城市道路上汽车尾气和扬尘等对于城市的气温、湿度、能见度、风和降水都有影响。这些因素带来了一系列的城市大气环境特有的现象和问题，如热岛效应日益加剧，城市整体风速减小，城市灰霾天气增加，极端（或异常）降水事件开始增多，酸雨频率逐年增加等。

海珠生态城立足生态资源优势、服务产业基础，力求打造具有岭南水乡魅力的花城、水城、绿城。其规划建设的 4 个方面都非常有利于创造更加舒适的局地气象和大气质量。①以万亩果园为核心，清除城市增长不断侵蚀万亩果园以及其他绿化用地的情况，确保植被覆盖率，打造绿城特色，这将降低下垫面对大气的加热，减少高温酷热的出现。②控制人口规模，重点发展滨水休闲、观光游览、文化娱乐，这将减少空调、工厂等人工热源排放，减少城市建设向大气热量的输送，缓解"热岛效应"。③改造城市空间布局，借助水廊，即规划在黄埔涌两岸打造的岭南水城；

借助风廊，即以东南 45°角的季风风道为载体，打造低密度、低强度的湿地公园；借助绿廊，即以万亩果园中南环高速两侧宽度约 1000m 范围为载体，打造的生态绿色廊道。这些措施无疑将降低地面对风的阻力，提高大气边界层底层的平均风速和大气自净能力。④湿地修复，打造生态绿心，清理果园范围内的垃圾、废水、空气污染和人为干扰对生态环境的不利影响，围绕琶洲会展区、文化行政区、生物岛发展第三产业，这将大幅度减少污染物的排放，有利于区域环境空气质量的提升。

4. 生物多样性

根据文献及历年调查统计，海珠生态城范围内有哺乳类 13 种，隶属于 4 目 5 科；鸟类 72 种，隶属于 12 目 31 科；爬行类 11 种，隶属于 2 目 8 科；两栖类 11 种，隶属于 1 目 5 科。其中，有 6 种国家Ⅱ级重点保护野生动物，即虎纹蛙、凤头鹰、松雀鹰、普通鵟、红隼和游隼。有 11 种列入《广东省重点保护陆生野生动物名录》，即苍鹭、白鹭、牛背鹭、池鹭、夜鹭、黑苇鳽、黄斑苇鳽、黑水鸡、红嘴鸥、黑斑蛙和沼水蛙。有 1 种列入 CITES 公约附录Ⅱ，即舟山眼镜蛇。27 种列入《国家保护的有益的或者有重要经济、科学研究价值的陆生野生动物名录》。有 17 种中国特有种。72 种鸟类中，30 种为冬候鸟或迁徙经过当地的旅鸟，占记录鸟类的 42%。

海珠湿地位于重要的候鸟迁徙通道上，具有特殊的生物多样性保护意义。我国 3 条候鸟迁徙通道中的东部和中部 2 条迁徙路线途经珠江三角洲地区（图 9-1-12），每年秋末来自东北亚和西北部的候鸟在长距离飞行后选择这里作为离开大陆前最后的汇集停歇点和补给站，在此作短暂的停歇补给后继续南下飞往南中国海或澳洲越冬，部分候鸟则选择这里为越冬栖息地。因此，海珠湿地为候鸟提供了重要的停歇

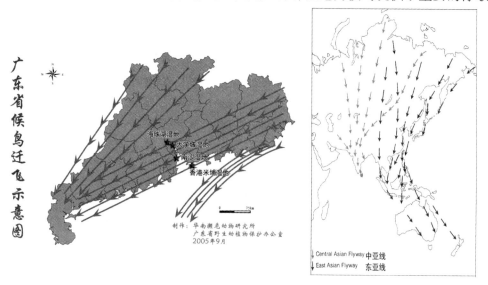

图 9-1-12　广东省候鸟迁飞示意图

地或栖息地，并形成繁华都市中一道靓丽的生物景观。

海珠湿地承担着城市经济发展与生物多样性保护的双重需求，因此建设生态城成为合适之选。虽然海珠湿地现状的动物种类相对较少，但由于自然条件优越，随着海珠生态城的建设与发展，动物的栖息环境还将不断改善，动物的种类和数量均会随之增长，特别是湿地面积的扩大有助于招引候鸟，成为其重要栖息地或食源地，可为候鸟提供更广的栖息环境和更多的食物来源。

9.2　土地利用绩效评估

9.2.1　评估目标

海珠生态城属于城市建成区，位于大都市中心城区，周边重点功能区集聚。作为"广州南肺"，万亩果园生态区位凸显，绿道汇聚；同时也存在着人口结构复杂与低端产业并存，三旧用地产出率不高等问题，建设中的快速轨道交通系统对土地的集约利用也带来影响。

因此，评价海珠生态城土地利用不应只考虑纯粹的生态效益，应同时兼顾经济效益和社会效益。通过分析土地利用与环境绩效间的关联可发现，其环境影响因素通过 3 种价值来衡量，一是生态价值，二是集约效益，三是土地升值。因此，总体评价目标是围绕这 3 大价值，分别对海珠生态城的现状、实施和规划做出评价。

9.2.2　评估思路

从土地集约利用角度，按照对城市生态环境基本到高级的要求，分别评价生态底限控制、土地集约节约、衍生效益评价 3 大方向，并确定了 5 项关键性指标，分别形成如图 9-2-1 所示的指标层级关系。

1. 生态底限控制

生态底限控制是衡量基本的生态价值及由生态环境带来的其他直接效益，构成对土地集约利用的基本生态底线的要求。

1）污染性工业用地

污染工业用地是指在城市城区范围内曾进行过工业开发，现实存在一定程度的污染，处于低效利用或闲置的，即将面临改造的工业用地。通过评估污染工业用地扩展的规模和速度变化反映生态城土地利用效益的变化情况，通过污染工业用地类型与规模变化情况评估生态城土地利用结构优劣情况，通过污染工业用地置换情况评价污染工业用地置换利用的绩效。

2）城市生态系统服务功能价值

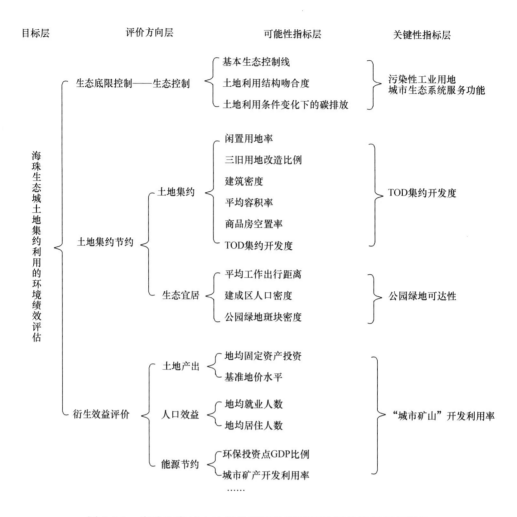

图 9-2-1　海珠生态城土地集约利用的环境绩效评价指标层级结构

生态系统服务功能价值是指生态系统与生态过程所形成及所维持的人类赖以生存的自然环境条件与效用，它不仅为人类提供了食品及其他生产生活原料，还创造与维持了地球生命支持系统，形成了人类生存所必需的环境条件。通过分析各类生态用地的直接经济价值及间接经济价值的变化情况，反映由于土地利用变化而产生的生态系统服务功能价值的变化。

2. 土地集约节约

土地集约节约是对土地集约效益的基本评价，是对在既有的土地总量与布局下，土地利用应做到高效、宜居的一般要求。

1）TOD 集约开发度

TOD 集约开发度指的是公共交通枢纽站点一定的服务半径范围内覆盖的用地的集约利用程度。重点监测其范围内平均容积率、土地混合利用比例、步行街道密度和公关设施利用率等指标，其中平均容积率是衡量 TOD 开发效用最直接的指标。采用 TOD 开发策略能合理提高站点周边用地的集约利用程度，对 TOD 的开发利用相关研究较多，从中可获得合理的标准值。

2）公园绿地可达性

公园绿地可达性指城市居民到达公园绿地的难易程度，反映可供居民游憩的城市绿地分布的合理性。该值是一个综合评价指标，能有效反映出公园绿地斑块的总量及布局的合理性。

3. 衍生效益评价

衍生效益评价主要为了反映土地升值等衍生价值，体现土地利用绩效评价自身的特色，是在保证生态格局优良与土地集约节约的前提下，对土地利用潜力进一步挖掘的高级要求。

1）"城市矿山"开发利用率

针对城市生活垃圾不断增量和"垃圾围城"等环境问题，以及再生资源产业的巨大商业空间，改变资源观提出"城市矿山"的概念。"城市矿山"开发利用指城市生活垃圾等所谓的"废物"加以循环利用，以其为材料、原料进行的"逆向生产"。

针对以上 5 个评估指标，对海珠生态城建设前、建设中和建设后的状态作出评估，得出各自的评价结果（图 9-2-2）。原则上，建设前使用 2013 年以前数据，建设中使用 2013 年至今的数据，建设后使用规划数据作预评估，实际数据利用依评价指标具体需要可稍作调整。

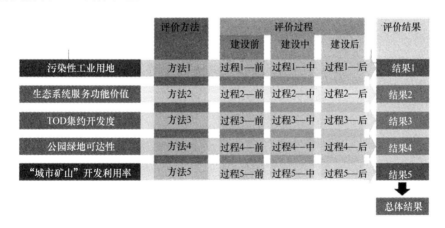

图 9-2-2　关键性指标评价思路示意图

9.2.3　评估结果

土地利用的环境绩效评价主要分从 5 个关键性指标进行，具体的评估结果如下：

1. 污染性工业用地

1982～2013 年海珠生态城范围内污染工业用地存在扩展/退化情况，这期间海珠生态城污染工业用地年变化率为 3.70。其中，1990～2002 年期间污染工业用地年变化率为 4.78，2002～2013 年期间年变化率为 1.06，通过分析可以看出，污染性工业用地总体上经历了从高速增长到增速减缓再到逐步退化的过程。分析发现从 2002 年开始，生态城范围内大量的工业用地被置换成为居住、商业、文化创意、休闲娱乐用地，工业用地分布呈现零碎化分布的特征（图 9-2-3）。

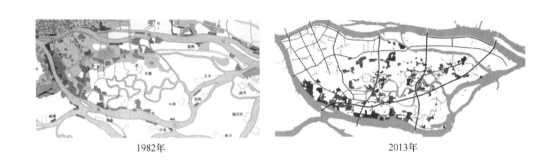

1982年   2013年

图 9-2-3　1982 年、2013 年海珠生态城范围内工业用地分布情况

来源：广州市城市规划勘测设计研究院，《海珠区概念规划研究》，2001 年

据统计，2002～2013 年海珠生态城范围内污染性工业用地置换为其他功能用地的地块共计 41 块，总面积 247.7hm² （表 9-2-1）。分析发现约 10 年间过半数的旧厂房被置换成为居住用地，与海珠区当时从工业区转变为生活卧城的定位有关。

2002～2013 年工业用地的置换情况一览表　　　　　　表 9-2-1

主要置换类型	数量（块）	面积（hm²）	占总用地的比例（%）
居住用地	26	135.7	54.8
商业用地	10	38.1	15.4
文化娱乐、创意产业用地	5	73.9	29.8
合计	41	247.7	100.0

对生态城未来规划污染工业用地地块置换情况进行分析，共计 89 块旧厂房用地，总面积 354.2hm² （表 9-2-2），通过对规划的预评估可发现，规划期末工业用地改造的用地置换类型更多元化，为了使未来污染性工业用地的置换更符合土地生态化利用，商业用地及规划绿地应成为未来用地置换的主要方向。

规划后工业用地置换情况一览表　　　　　　　　　　表 9-2-2

时间段	2002~2013			规划期末			
主要置换类型	数量 （块）	面积 （hm²）	占总用地 的比例（%）	数量 （块）	面积 （hm²）	占总用地 的比例（%）	比例增减 对比（%）
居住用地	26	135.7	54.8	18	93.7	26.5	-28.3
商业用地	10	38.1	15.4	41	144.1	40.7	25.3
文化娱乐用地	5	73.9	29.8	4	10.8	3.0	-26.8
绿地	0	0	0	22	83.3	23.6	23.5
交通、市政等其他用地	0	0	0	4	22.3	6.3	6.3
合计	41	247.7	100.0	89	354.2	100.0	0

2. 生态城范围生态系统服务功能总价值 （GEP）

将生态城划分为 4 个不同的生态系统类型（森林、农田、草地、湿地），从生态系统产品（直接经济效益）、生态调节服务（间接经济效益）2 个方面评价其不同生态系统类型提供的各项服务功能；同时，通过对海珠生态城 2004 年、2013 年以及生态规划期末的各类生态系统数据进行比较（图 9-2-4、图 9-2-5），分析海珠区生态系统服务功能价值的变化情况，总价值总体上趋于平稳。

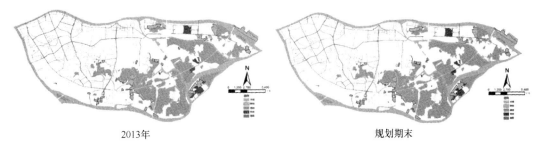

2013年　　　　　　　　　　　　　规划期末

图 9-2-4　2013、规划期末海珠生态城生态系统用地比较

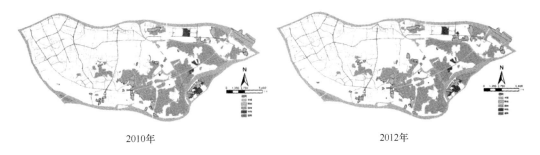

2010年　　　　　　　　　　　　　2012年

图 9-2-5　2010、2012 年海珠生态城生态系统用地现状

（1）2004~2013 年，部分生态用地被转化为城市建设用地，生态系统服务功能总价值逐年下降；2013 年至规划期末，由于万亩果园由单纯的经济林逐步建成为湿地生态系统，城市公共绿地及文化旅游价值增加，总价值显著增加。

（2）如果考虑系统直接经济价值与间接经济价值之和，生态城生态系统服务功能单位面积价值排序为：湿地＞经济林＞灌木林＞农田＞草地；如果只考虑间接经济价值，生态城生态系统服务功能的单位面积价值排序为：湿地＞灌木林＞经济林＞草地＞农田。从生态服务的角度来看，湿地最值得重视和保护。

（3）所有的自然生态系统类型的固碳和释放氧气价值都是相对较大的（固碳和释放氧气价值占总价值的 18％～20％），其次是滞尘功能价值。

（4）规划期末生态服务功能总价值构成相比 2004 年或 2013 年的生态服务功能总价值更多元化，结构也趋于平衡。从 GEP 构成的角度评价，规划后的生态城用地结构相比之前更显合理。

（5）随着万亩果园功能从单一的生态果园向湿地旅游公园转变，生态城生态系统的文化旅游服务附加价值不断提升，成为整个生态城生态系统服务功能总价值变化的主要动力和来源之一。

3. TOD 集约开发度

TOD 的核心理论是提高土地使用效率，探索效益最大化。广州是国内城市最早进行 TOD 模式引导土地开发建设的城市之一，多年的实践证明了 TOD 战略具有诱导城市空间结构重组，加快城区更新与土地置换步伐的作用，并能有效地推进地下空间开发，改善居民出行等效果。从 GDP、综合容积率、居住人口、公共服务设施的动态集约程度入手（图 9-2-6），连续监测海珠生态城的现状建设情况，能够从公共交通发展战略层面反映地区土地集约发展效果。

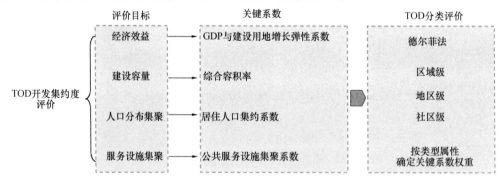

图 9-2-6　TOD 开发集约度评价框架

选择 TOD 影响区内单位用地 GDP 与建设用地增长弹性、TOD 影响区内综合容积率、居住人口集约系数和公共服务设施集聚系数四项指标。

总体来看，大运量快速轨道交通系统已经成为引导海珠区空间结构优化的无形驱动力，现状已开通的轨道线路有地铁 2 号线、3 号线、4 号线、8 号线和 APM 线，共有 20 个轨道站点，在扣除海珠区万亩果园大片绿地和河道水网等水体现状面积后，轨道站点 500m 覆盖率约达到 15％。轨道站点设置也与海珠区西部居住、中轴线和琶洲会展等各功能区形成了良性互动关系。

20处轨道站点统一以半径400m范围为TOD影响区进行数据分析，计算影响区内建设用地内的总建筑面积与建设用地面积的比值，即综合容积率，比对2009年和2012年各站点的综合容积率变化情况（图9-2-7）。

2009～2012年TOD影响区综合容积率显著提高，居住用地比例逐步调高，公共服务设施逐年增加，集聚开发活动频繁，显著提高的站点包括晓港、昌岗、江泰路、东晓南、新港东及琶洲等六个站点，占全区站点的30%，其中容积率提高均超过0.3以上，与旧区重建及琶洲重点地区建设情况相符；另一方面，部分站点呈现出综合容积率下降的现象，如昌岗、沥滘等，同样反映出旧城旧村的改造建设情况。

经分析，TOD影响区已经成为海珠区土地集约利用代表性区域，其中的居住人口以及公共服务设施集聚度显著高于影响区以外区域，因此，从GDP、综合容积率、居住人口、公共服务设施的动态集约程度入手，连续监测海珠生态城的TOD影响区内现状建设情况，反映地区土地集约发展效果。

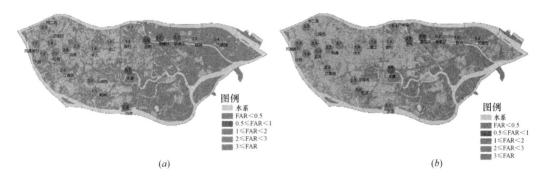

图9-2-7　2009年、2012年海珠生态区现状容积率统计

（a）2009年海珠区现状容积率统计图；（b）2012年海珠区现状容积率统计图

4. 公园绿地可达性

选择公园绿地、生态公园、高校校园作为可达性分析的对象。通过多种方法比较，选择了费用加权距离法作为可达性的评估方法。根据所获得资料，选择了2006年、2008年、2010年、2013年和2020年海珠生态城规划5个年份或阶段进行评价。依据相关原理与方法，应用GIS技术进行评价（图9-2-8、图9-2-9）。

分析结果表明，公园绿地总量有所增加，从2006年的4.11km²，增加至2013年的16.05km²，规划中达到17.27km²；公园绿地布局结构渐趋合理，网络形态初现，整体出行费用阻力逐步优化；公园绿地的可达性时间有较好的改善，出行时间小于15min的区域，从2006年的7.07%，增加至2013年的26.16%，规划中达到

43.50%；同比出行时间大于60min的区域，从83.30%下降至59.90%，规划中达到32.64%（图9-2-8）；公园绿地与城市居住区布局结构进一步契合，资源利用更加集约，出行时间小于15min的居住区，从2006年的9%，增加至2013年的42.17%，规划中达到42.44%；同比出行时间大于60min的居住区，从46.52%下降至5.06%，规划中达到2.46%（图9-2-9）；现状新增城市居住区仍集中在西片，西片公园绿地服务压力较大。

通过对规划的预评估可发现，公园绿地分布的广度与密度进一步提高，可达性大为提高；但应注意在新增的居住区中积极培育社区公园和街旁绿地，提高短时间内到达公园绿地的居住区在居住区整体公园绿地可达性中的比例，进一步提高生态宜居度。

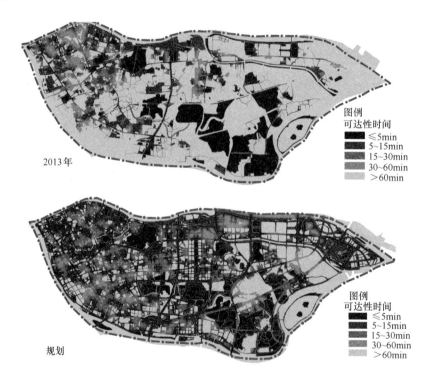

图9-2-8　2013年与海珠生态城规划中可达性时间对比

5. "城市矿山"开发利用率

根据海珠区人均垃圾排放量、资源回收率等相关数据分析结果（图9-2-10），海珠区人均垃圾排放量自2006开始逐年减少，2012年为0.99kg/（人·d），取得了减量化的效果，同时也达到了《城市环境卫生设施规划规范》（GB 50337—2006）[0.8~1.2kg/（人·d）]的要求。相比国内北京、天津、宁波等的城市的水平[1.1~1.2kg/人·d]要好，但比新加坡[0.89kg/人·d）、东京[0.96kg/（人·d）]国外

图 9-2-9　2013 年与海珠生态城规划居民到达公园绿地可达性时间

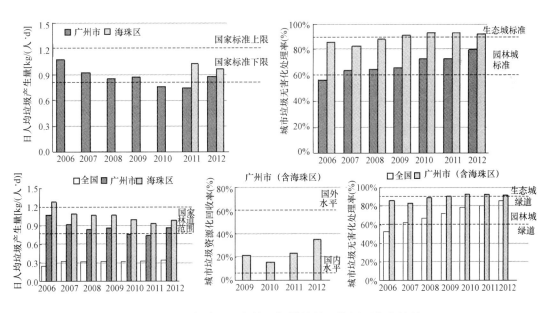

图 9-2-10　海珠区日人均垃圾排放量、资源回收率情况

城市的水平还有差距。

　　垃圾资源化回收率，广州市及海珠区 2012 年达到了 35%，相比国内平均水平 5% 要高很多，但与北京奥运场馆、深圳等个别地区相比还有差距，特别是与国外

先进水平 60% 相比差距更大。

生活垃圾无害化处理率的国内生态城市标准为 90%，园林城市标准为 60%，广州市自 2009 年开始首次达到了生态城市标准，这几年一直保持在 90% 以上。但相比国外先进地区还有一定差距，国外像日本、德国等国家均达到了 100%。因此，海珠区生态城建设，应充分认识"城市矿山"开发利用的环境效益，应缩小与国外先进水平之间的差距，进一步提高并优化这些指标。

9.3 水资源绩效评估

9.3.1 评估目标

水质是生态城水环境绩效评估中最基本、最重要、最能反映绩效的指标。目前，海珠生态城水环境污染主要属于有机型污染，以有机污染物超标为主，因此通过有机物浓度及污染指数状况的上升或下降反映水质改善。

生态城建设以污染排放和治理为影响水质，反映环境绩效的重要指标。生态城近年开展工业、生活等方面的污染减排措施，污染物的排放直接影响环境水体水质，也同样反映着减排措施的效果。

9.3.2 评估思路

针对海珠生态城建设规划的重点任务，对海珠生态重点水体从水质状况、污染排放、水环境治理 3 大方面进行评估。在水质状况指标的筛选中，分成基础性指标和综合性指标 2 个层次，基础性指标重点选取近年来广州市河流等水体的主要污染指标，包括化学需氧量、溶解氧、5 日生化需氧量、氟化物、氨氮、总磷等 6 项，综合性指标主要采用水质平均污染指数。同时，区分监测指标和评估考核指标，并非所有的监测指标都直接参与考核，监测指标主要是单个个体指标（基础性指标），而评估考核指标是通过对若干监测指标的统计处理而形成的一个具有综合性、代表性的指标（如水质平均污染指数）（图 9-3-1）。

1. 水质

水质评估是对海珠生态城重点水体进行考核，通过对水体的主要污染指标的选取及水质污染指数的综合评估，反映各类工程建设（如海珠湖建设、河流整治、疏浚清淤、河流截污、雨污分流、污水治理，以及水闸建设、联合调度、补水调水等等工程）对水环境质量总体环境绩效。

针对海珠生态城周边江河及区内河流、湖泊近年（主要是 2010～2014 年）水质监测数据成果，分析生态城水质变化情况和影响水质的主要因子。

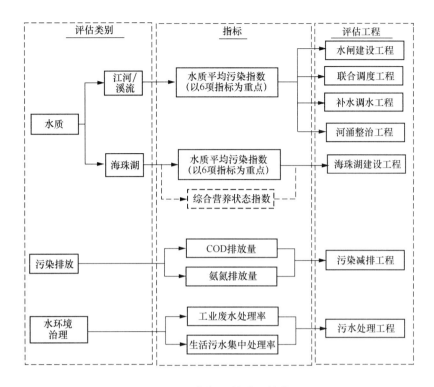

图 9-3-1　水资源绩效评估体系

1）水质平均污染指数

污染指数是监测值与标准值的比值，通过对选定的若干监测项目的污染指数进行综合处理、计算后得到平均污染指数，对该指标进行评估，反映水体主要污染特征情况。

2）综合营养状态指数 *TLI*

综合叶绿素 a、总磷、总氮、透明度和高锰酸盐指数 5 项指标数据，通过 *TLI* 计算公式得到 *TLI* 值，按照各营养分级对应的 *TLI* 取值范围，分析评估湖泊富营养化情况。

2. 水污染物排放

主要考虑化学需氧量和氨氮两大水污染物总量控制指标，以环境统计数据为分析基础，收集并分析 2010 年以来区域主要污染源清单资料，分析区域主要污染源的数量、分布特征、排放特征，分析区域污染存在的问题，评估区域 COD 和氨氮排放情况。

污染物排放状况以生态城规划范围为重点评估对象，主要分析、评估工业源和生活源污染物排放合计量近年变化情况。

1）化学需氧量（COD）排放量

考核年化学需氧量的排放量，反映污染减排措施的效果。工业污染源根据污染源普查及环境统计结果，生活源污染产生量是采用产污系数法估算获得。

2）氨氮排放量

考核年氨氮的排放量，反映了污染减排措施的效果。工业污染源根据污染源普查及环境统计结果，生活源污染产生量是采用产污系数法估算获得。

3. 水环境治理

分析建设期内集中式污水处理设施（主要是沥滘污水处理厂）建设和运行情况，收集相关资料，评估区域范围内污水收集和治理等情况；基于环统数据，分析区域重点污染企业工业废水治理情况。

1）生活污水集中处理率

区域生活污水集中处理量占生活污水量的比例，评估生活污水集中处理情况。

2）工业废水处理率

区域重点污染企业工业废水处理量占废水量比例，评估工业废水处理情况。

9.3.3 评估结果

1. 水质状况评估

以 2010～2014 年的水质监测断面的监测数据为基础进行统计评价。结合海珠生态城的水环境特征，分别对江河水质、河流水质以及湖泊水质进行评估。

江河及河流的水质监测指标共 22 项，湖泊的水质监测指标在江河、河流的 22 项指标的基础上增加总氮、透明度、叶绿素 a。监测指标中对溶解氧、化学需氧量、五日生化需氧量、氨氮、总磷、氟化物 6 项指标进行重点评价分析，主要对 3 类水体水质平均污染指数及对湖泊的营养状态进行评价。

1）江河水质

选取珠江广州河段的东朗、猎德、长洲断面，对其 2010～2013 年水质监测数据分析和评估，评估结果如图 9-3-2 所示。

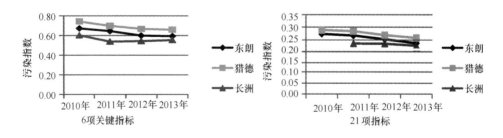

图 9-3-2　珠江广州河段平均污染指数变化趋势

通过计算，可知珠江广州河段 3 个监测断面的 6 项关键指标中，氨氮污染指数最高，溶解氧次之，氨氮污染较为突出。3 个监测断面的各项指标污染指数随时间均有下降趋势。纵观 3 个监测断面，东朗断面水质最好，猎德断面次之，处于下游的长洲断面最差。6 项关键指标平均污染指数属于中度污染水平，但 21 项指标平均污染指数表明水体属于轻度污染或尚清洁的程度。这和珠江广州河段的主要以有机污染为主的污染特征有关，重金属污染状况相对较好。

2）河流水质

选取海珠生态城范围内的石榴岗河、黄埔涌和北濠涌，对其 2010～2014 年的水质监测数据分析和评估，评估结果如图 9-3-3 所示。

通过计算可知，海珠生态城内本次评估的 3 条河流的 6 项关键指标中，普遍以氨氮的污染指数值最高，溶解氧次之，氨氮污染较为突出。2010～2014 年期间，海珠生态城河流水体的 6 项关键指标平均污染指数均有不同程度的下降，在海珠生态城建设过程中水质总体有所改善，且石榴岗河和黄埔涌的水质总体优于北濠涌。

21 项指标平均污染指数在 2010～2014 年期间亦总体呈现逐年下降的趋势。21 项指标平均污染指数从 2010 年的严重、重度污染水平逐渐下降到 2013 年和 2014 年的中度、轻度水平，其中北濠涌的水质改善最为显著。21 项指标平均污染指数值低于 6 项关键指标平均污染指数值，说明海珠生态城河流水体的污染情况同样以有机污染为主，重金属及有毒有害物质的污染情况相对较好。

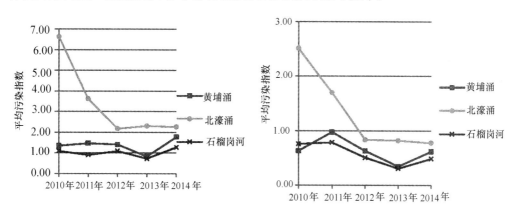

图 9-3-3　河流水体年平均污染指数变化趋势

3）湖泊水质

海珠湖为海珠生态城范围的重要水体，监测 2010～2014 年枯、丰、平 3 个水期的水质监测数据分析和评估，评估结果如图 9-3-4 所示。

根据污染指数评估结果，无论是 6 项关键指标的平均污染指数还是 21 项指标的平均污染指数，其数值在 2010～2014 年期间总体呈现显著下降的趋势。枯水期和年平均 21 项指标平均污染指数的下降最为明显，从 2010 年的重度污染水平逐渐下降到 2014 年的中度水平。海珠生态城开始建设后，2012～2014 年间，21 项指标平均污染指数属于轻度污染水平，但 6 项关键指标的平均污染指数则偏高，属于中度污染水平，说明 6 项关键指标所对应的污染物仍然为海珠湖水体的主要污染物，在未来的水污染治理中仍然要坚持以 6 项关键指标为重点。

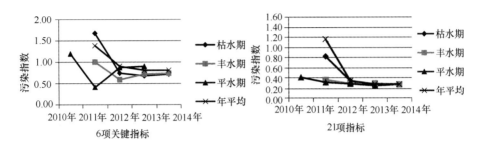

图 9-3-4　海珠湖平均污染指数变化趋势

采用综合营养状态指数法，以 5 项相关指标对海珠湖的营养状态进行评价。2014 年最新监测结果表明海珠湖处于轻度富营养化水平，与 2011 年的综合营养状态指数相比，有明显的下降（图 9-3-5）。总体上，2011～2014 年期间，海珠湖的营养状态处于逐渐改善的过程，由重度富营养化提升到轻度富营养化的状态。

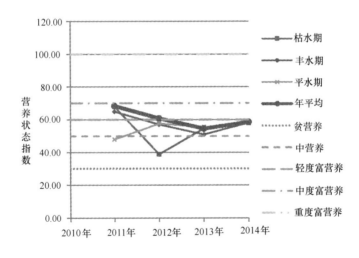

图 9-3-5　海珠湖营养状态年际变化趋势

4）综合评估结论

通过海珠生态城区域范围内珠江河段、河流、湖泊等各类型的地表水水质监测结果进行统计分析和评价分析（图 9-3-6），可以知道，2014 年度，海珠生态城范围内的水体水质仍然不理想，但比 2010 年度有较为明显的改善，水质总体在逐步好转。

珠江河段的 3 个断面的 6 项关键指标中，以氨氮和溶解氧最为明显，污染指数值较高，2010～2013 年期间 2 项指标的浓度基本属于Ⅳ类或Ⅴ类标准，表明环绕海珠生态城的珠江河段水体受到中度污染；海珠湖的6项关键指标中，氟化物稳定达到Ⅰ类标准，溶解氧在近年逐渐达到Ⅱ类标准，其余4项污染指标则在Ⅲ类到劣Ⅴ类之间波动，水体受到严重污染；河流水体除氟化物外，其他5项污染指标出现劣Ⅴ类的情况较为频繁，表明河流水体受到严重污染。

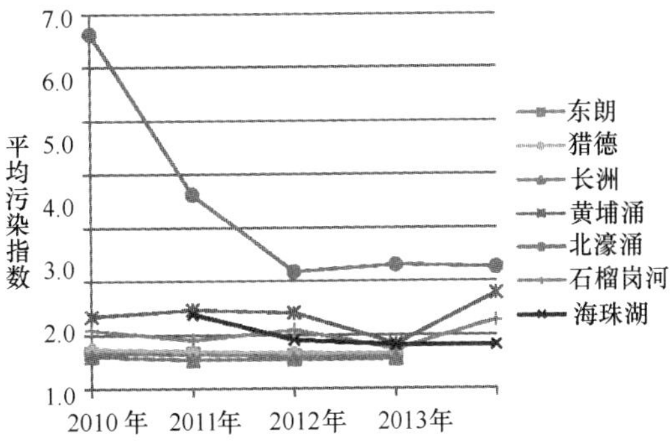

海珠生态城河流水体污染主要

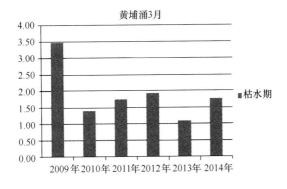

图9-3-6　海珠生态城等指标平均
污染指数年际变化趋势图

反映在氨氮和溶解氧，海珠湖污染主要反映在化学需氧量、总磷和氨氮，重金属和有毒有害物质污染均得到较有效的控制。海珠生态城水体水质污染主要属于有机污染，且以生活污水为典型的污染来源。

图9-3-7　黄埔涌2009～2014年枯水期6项
指标平均污染指数对比图

由于水体所处环境条件不一致，导致不同水体的污染状况有各自的特点。珠江河段水量大，稀释扩散污染物能力较强，水质相对较好。河流径流作用弱，受生活污水影响直接，水质最差。由于水闸人工控制了河流的涨退和流向，作为进水的黄埔涌、石榴岗河水质优于作为排水的北濠涌。对比黄埔涌2010～2014年枯水期与2009年枯水期（海珠湖建设前、未实施补水调水工程的情景）的6项指标平均污染指数（图9-3-7），可见实施补水调水等工程措施后，对生态城主要河流（黄埔涌）枯水期的水质改善起到一定作用。

2. 污染物排放状况评估

污染物排放状况以生态城规划范围为重点研究对象，基于环境统计数据，主要分析、评估工业源和生活源污染物排放合计量近年变化情况。

根据海珠生态城2010～2013年工业企业COD总排放量评估结果，2011年COD总排放量最大（198.36t）。2011～2013年总排放量逐年减少，2013年COD排放量为143.37t，比2011年下降28%；2011年氨氮排放量最大（3.05t），2013年氨氮排放量比2010年稍有降低，从2.87t/a降到2.72t/a，降幅5.2%，氨氮排放状况得到改善。

生活源污染排放量是采用产污系数法估算产生量后，扣除污水处理厂的污染物去除量后所得。由于 2010 年 6 月沥滘污水处理厂二期工程的投入使用，2011 年污水处理量以及 COD、氨氮削减量都比 2010 年有大幅提升。随后 3 年由于人口的小幅增长，生活源 COD、氨氮排放量也有较小变化。4 年整体来看，2013 年生活源 COD 排放量为 4730.74t，比 2010 年下降 42.0%；2013 年生活源氨氮排放量为 640.36t，比 2010 年下降 40.0%。

海珠生态城工业源和生活源 COD 及氨氮排放量见表 9-3-1 所列。生态城内 COD 总排放量从 2010 年的 8290.81t/a 下降到 2013 年的 4874.11t/a，降幅达 41.2%；氨氮总排放量 2013 年为 643.08t/a，与 2010 年相比，下降 39.9%。2011～2013 年间由于生活源排放量基本稳定，使得污染物总排放量变化较小。

海珠生态城 COD 和氨氮排放量统计表　　　　　　　　　　表 9-3-1

年份	COD（t）			氨氮（t）		
	工业源	生活源	总计	工业源	生活源	总计
2010	139.55	8151.26	8290.81	2.87	1067.79	1070.66
2011	198.36	4676	4874.36	3.05	636.39	639.44
2012	155	4698.07	4853.07	2.25	639.86	642.11
2013	143.37	4730.74	4874.11	2.72	640.36	643.08

3. 水环境治理状况评估

通过人均生活污水产生系数、污水处理厂污水处理量，计算海珠生态城生活污水产生量及处理率（图 9-3-8）。由于生活污水处理量的大幅提升，2013 年的生活污水集中处理率达到 90.61%，与 2010 年相比，增加 45 个百分点。

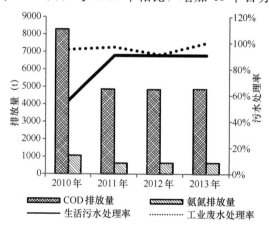

图 9-3-8　污染排放及生活污水处理率年度变化图

4. 水环境土地利用与水质变化关系分析

通过对比海珠生态城 2009 年和 2012 年土地利用情况可知，2012 年水浇地、水田、果园的面积有所减少，坑塘水面面积有所增加。其中水浇地面积减少 21.4%，水田面积减少 10.4%；果园面积减少 5.2%。果园改造工程中以海珠湖的建设较为典型，该地块面积共 0.24km²，在 2009 年时为果园，随着生态城的建设，到 2012 年时已经改造成为海珠湖。因此与 2009 年相比，2012 年生态城内坑塘水面总面积有所增加。

水浇地、水田以及果园因在农业生产过程中会施用化肥、农药等，其对水质 6 项关键指标均有一定的贡献。随着海珠生态城建设的推进，这 3 类土地使用面积有所减少，因此其农业面源污染贡献相应减少，这对生态城内水环境绩效的提升有积极的作用。因此从数据趋势上来看，两者之间表现出较好的一致性，如图 9-3-9 所示。

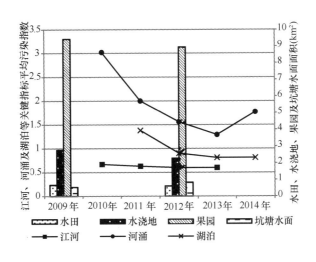

图 9-3-9　土地利用变化与水质指标

9.4　局地气候与大气质量绩效评估

9.4.1　评估目标

海珠生态城局地气象和大气质量绩效目标主要是为了分析海珠区的热环境和风环境以及环境空气质量在海珠城建设前后以及建设过程中的变化特征，分析海珠生态城建设对其的影响和绩效。

9.4.2　评估思路

根据生态城建设影响大气环境的敏感点，从热、风、环境空气质量等指标来进行评估分析。主要由以下几个方面构成：

1. 对典型天气条件下气象与大气环境影响评估

通过对比海珠生态城与其他区域在一次典型高温、低温和空气污染条件下的局地气象与大气环境差异，分析生态城建设对局地气象和大气环境的影响。

2. 热环境评估

根据中大站 2008～2013 年资料统计得到海珠区常规的气温统计特征，再利用卫星遥感反演"城市热岛"效应，还利用自动气象站观测分析广州市近 3 年的"城市热岛"效应特征。从广州自动气象监测网中选取具有代表性的 9 个郊区自动气象站作为热岛效应的郊区对比站和 12 个市区自动气象站作为市区热岛计算站。利用各个站点不同时间尺度的平均气温、最高气温、最低气温资料计算 UHI 指数来分析广州市热岛强度。UHI 指数计算公式为：

$$UHI_{平均气温} = T_{(市,平均气温)} - T_{(郊区平均,平均气温)}$$

$$UHI_{最高气温} = T_{(市,最高气温)} - T_{(郊区平均,最高气温)}$$

$$UHI_{最低气温} = T_{(市,最低气温)} - T_{(郊区平均,最低气温)}$$

3. 风环境评估

利用生态城区域内、外的自动气象站观测到的风力风速，比较海珠区中大站 2008～2013 年气象观测站的资料中风速年际变化和地区差异，进而分析生态城建设在缓解城市通风环境方面的绩效。

4. 环境空气质量评估

利用广州市 PM2.5 的分布、海珠湖生态站及周边区域环境空气质量观测，分析 2013 年海珠区空气质量达标天数、PM2.5 平均浓度及其空间分布等。

9.4.3 评估结果

1. 生态城对典型气象条件影响分析

1）一次典型的高温过程

2014 年 7 月 22～24 日，受双台风"夏浪"和"娜基莉"外围下沉气流影响，广州市出现连续 3 天的高温天气，各区均录得高于或等于 35℃ 的酷热天气，大部分站点录得的最高气温均高于或等于 37℃。海珠、五山、番禺和花都的气温变化趋势较为一致，尤其是五山和海珠新窖站（同为广州城区观测站），而萝岗、从化、增城则气温变化趋势较为一致，气温略低于海珠等 4 个观测站（图 9-4-1）。

同为城区的观测站，海珠新窖站距五山约 6km，距海珠湖约 2km，其气温绝大多数时刻低于五山站，与增城、从化等城市化发展偏慢区域的气温相差不大，23 日海珠站与增城、从化均录得高达 37.9℃，而中心城区的五山站录得 2014 年以来全市最高气温 38.8℃，并列历史第 4 位，是最近 9 年广州市录得的最高值。可见在此次高温天气过程，靠近生态城建设区域的最高气温比城市中心要低约 1℃，高温酷热程度偏弱。

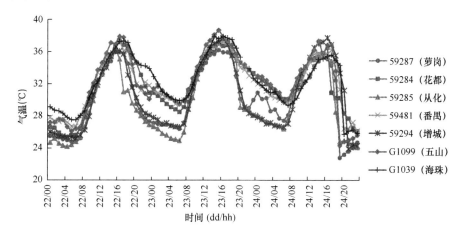

图 9-4-1　2014 年 7 月 22～24 日广州各区逐时气温变化图

2）一次典型的低温过程

受强冷空气影响，2014 年 2 月 11～14 日广州市出现持续低温过程。广州各区观测站基本都连续 3 天或超过 3 天录得低于或等于 5℃的低温。从表 9-4-1 中可知萝岗、花都、从化均连续 4 天日最低气温低于 5℃，而五山、增城则连续 3 天日最低气温低于 5℃，第 4 天气温较前 3 个测站回升得较快。对比海珠新窖站与其北面的五山、南面番禺站，该站温度较两者都要低，特别是比番禺平均低 0.7℃。而该站所在区域城市化水平低于其他两站，受城市热源影响少，因而更加寒冷。

2014 年 2 月 11～14 日广州各区日最低气温　　　　表 9-4-1

站号	2 月 11 日	2 月 12 日	2 月 13 日	2 月 14 日
59287（萝岗）	3.7	3.7	4.1	4.3
59284（花都）	3.3	4.3	4.2	4.4
59285（从化）	3.3	4.4	4.3	4.4
59481（番禺）	5.5	4.6	5	5.7
59294（增城）	3.8	4.4	4.9	5.1
G1099（五山）	4.6	4.5	4.6	5.1
G1093（海珠新窖）	4.4	4.2	4.4	5

3）一次典型的空气污染分析

2014 年 3 月 12 日起，一股冷空气自北向南影响广东，15～18 日期间广州市地面受变性高压脊控制，大气层结稳定，地面风速小，能见度较差，出现中度灰霾天气。在此期间，广州近地面风速基本维持在 2m/s 以下，17 日平均风速仅为 1.5m/

s，加上近地面逆温的存在，大气水平及垂直扩散能力减弱，近地面污染物容易积聚，导致广州市 PM2.5 的浓度上升，AQI 指数增大，造成中度污染。18 日起，地面风速有所加大，有利于颗粒物的扩散，污染有所缓解。

在上述天气背景下，广州市出现了一次中度污染过程，其中 16 日 AQI 指数为123，17 日 AQI 指数达到 165，为中度污染，2 日首要污染物均为 PM2.5（表 9-4-2）。位于生态城一期规划建设区域内的空气污染程度轻于海珠中心城区。在污染最重的 3 月 17 日，广东商学院、海珠湖的 PM2.5 平均浓度 145$\mu g/m^3$，而五中为187$\mu g/m^3$。对比生态城的 2 个测站，相距不过 5km，海珠湖优于商学院站。3 月18 日风速加大，海珠区东部 AQI 下降明显，空气质量较海珠西部更快上升到优良水平。这也说明在静稳天气情形下，海珠区的空气污染程度要轻于全市平均，而临近生态城已建设区域的空气质量要优于未开展建设的区域。

广州市 2014 年 3 月 15～18 日 AQI 及 PM2.5 浓度   表 9-4-2

日　　期	3 月 15 日	3 月 16 日	3 月 17 日	3 月 18 日
广州市 AQI/PM2.5 浓度（$\mu g/m^3$）	89/66	123/93	165/125	100/75
海珠湖 AQI/PM2.5 浓度（$\mu g/m^3$）	89/66	118/89	144/110	80/59
广州商学院 AQI/PM2.5 浓度（$\mu g/m^3$）	83/61	109/82	149/114	88/65
广州市五中 AQI/PM2.5 浓度（$\mu g/m^3$）	95/71	129/98	187/141	114/86

2. 热环境分析

1）海珠区常规的气温统计特征

根据中大站 2008～2013 年资料的统计，海珠区年平均气温 23.5℃，平均气温最高 31.8℃，平均气温最低 11.1℃（图 9-4-2）。每年 1 月最为寒冷，平均气温达到最低值 13.7℃，随后平均气温逐渐升高，8 月最为炎热，平均气温达到 30.3℃。

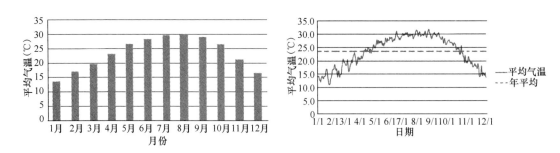

图 9-4-2　海珠区平均气温的逐月变化和年变化

2）卫星遥感反演的"城市热岛"效应

广州的热岛效应与城市建筑分布、绿化覆盖密切相关。卫星遥感资料表明绿化度高（植被指数高）的地区，气温明显低于城市化（植被指数低）的区域。即使在海珠生态城内，各地的"热岛效应"还是有明显的差异。在 2011 年盛夏时节，其东南部植被指数高达 0.3，西部在 0 左右。相应的东南部河流、绿地的气温比其他地区低 8.0℃左右（图 9-4-3）。

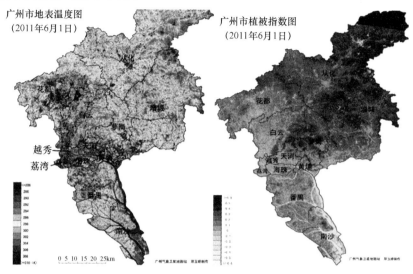

图 9-4-3　广州市卫星遥感资料反演的地表温度和植被指数分布图

从风云 3 号卫星观测表明城市植被指数的变化与"热岛"的分布密切相关。与 2011 年 7 月相比，2013 年 7 月紧临海珠区的天河区、番禺区有更多植被指数超过 0.4 的高绿地覆盖区域出现。海珠区西部植被指数下降，并出现低于 0.1 的低绿绿地覆盖区，这可能与城市化建筑增加有关，但东部及毗邻黄埔的区域，植被指数由 0.1~0.2 上升到 0.2~0.3。盛夏时节，这些植被指数上升的区域的气温与广州南沙、从化等较凉地区的差距缩小 2℃左右（图 9-4-4）。

3）自动气象站观测到的"城市热岛"效应

广州 2011~2013 年平均年热岛强度见表 9-4-3 所列，平均气温热岛强度 $UHI_{平均气温}$ 为 0.76℃，最高气温热岛强度 $UHI_{最高气温}$ 为 0.3℃，最低气温热岛强度 $UHI_{最低气温}$ 为 1.1℃，即最低气温的城市热岛效应最明显。从地域分布来看，广州市热岛效应强度由北向南增加，西南部的热岛效应最明显，最大值出现在荔湾、越秀、东山、芳村、海珠等中心老城区以及番禺区的西北部，其中以海珠区为中心的热岛强度最大，达到 0.5~1℃，花都北部、从化北部和增城北部热岛效应比较小，强度指数为负值（图 9-4-5）。从 2011~2013 年广州市逐年热导强度变化来看，广州市热岛强度 2012 年比 2011 年有所减少，2013 年强度又上升，但低于 2011 年的热导强度值（图 9-4-6）。

2013 年广州市热岛强度相比于 2012 年上升 0.1℃，但海珠区的热岛效应有所改善。原处于海珠区中北部的"热岛效应"强度中心消失，在海珠东部及海珠、番禺交界附近地区，这种减弱更加明显，甚至出现了负的"热岛效应"中心，强度达

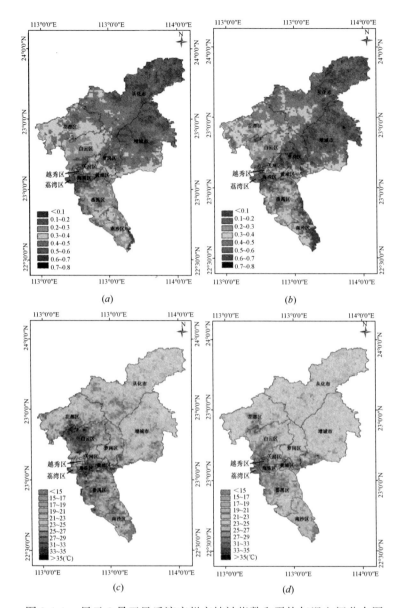

图 9-4-4 风云 3 号卫星反演广州市植被指数和平均气温空间分布图

(a) 2011 年 7 月植被指数；(b) 2013 年 7 月植被指数；

(c) 2011 年 7 月平均气温；(d) 2013 年 7 月平均气温

到－0.3 左右，也就说该区域不再是城市的热源，变成了城市凉极。

广州市 2011～2013 年热岛强度 表 9-4-3

年份	UHI 平均气温（℃）	UHI 最高气温（℃）	UHI 最低气温（℃）
2011	0.8	0.39	1.16
2012	0.69	0.21	0.97
2013	0.79	0.31	1.18
平均	0.76	0.3	1.1

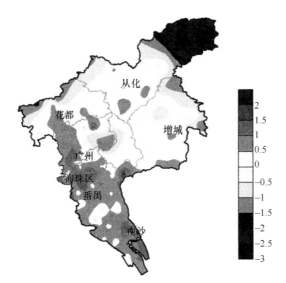

图 9-4-5　2011～2013 年广州市平均年热岛强度（$UHI_{平均气温}$）分布

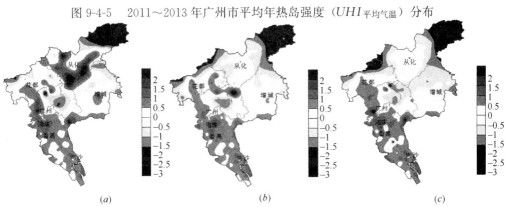

图 9-4-6　2011～2013 年广州市热岛强度（$UHI_{平均气温}$）分布

（a）2011 年；（b）2012 年；（c）2013 年

海珠区"热岛效应"的改善，降低了该区域高温酷热日数。2013 年海珠区的高温天数为 26 天，是近几年来最少的一年，而当年广州全市平均高温天数高于常年（图 9-4-7）。2008～2013 年海珠区年平均高温日数为 42 天，比广州市年平均高

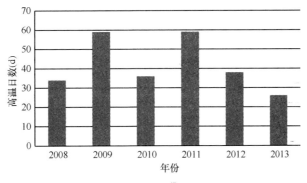

图 9-4-7　海珠区 2008～2013 年高温日数

温日数 26 天偏多 16 天。高温日数最多年份为 2009 年和 2011 年，均为 59 天，2013 年是海珠区高温日数最少的年份，为 26 天。同期全市平均高温日数 22.6 天，比常年偏多 5.9 天。

3. 海珠生态城的风环境分析

1）中大站风的年平均统计特征

海珠区位于亚热带海洋性季风气候区内，风向的季节性很强。海珠区春季以偏东南风较多，偏北风次多；夏季受副热带高压和南海低压的影响，以南风为盛行风；秋季由夏季风转为冬季风，盛行风向是西北和东北风；冬季受冷高压控制，主要是偏北风（图 9-4-8）。海珠区常年风向以北风和东风为主（图 9-4-9）。其风向变化与广州市风向变化基本一致。海珠区年平均风速 1.8m/s，夏季 7 月份风速最高，春季 5 月份风速最低。海珠区月平均风速在 1.6～2m/s，其中 7 月平均风速最大，为 2.09m/s，5 月风速最小，为 1.64m/s（图 9-4-10）。海珠区风速有明显的日变化，呈现白天高，夜间低的特点，风速最大值出现在中午 13 时，为 2.1m/s。

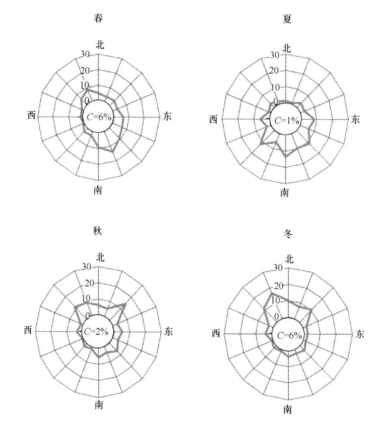

图 9-4-8　2008～2013 年广州海珠区各季节平均风向频率玫瑰图

海珠区（中大站）的风速在广州全市属于略偏弱的地区，但其风向与全市其他区域一致。广州市年平均风速在 1.5～2.3m/s 之间，花都、从化、广州、番禺等

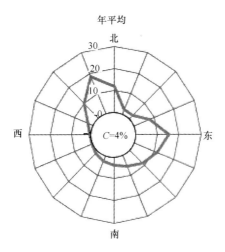

图 9-4-9 2008～2013 年广州海珠区年平均风向频率玫瑰图

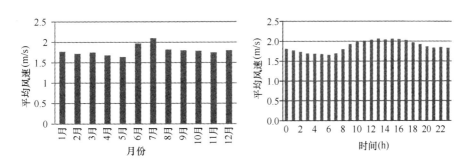

图 9-4-10 2008～2013 年广州海珠区逐月平均风速和风速日变化

气象站的平均风速季节变化较小，增城气象站年内各季节平均风速的差异较大，夏季（6～8 月）平均风速为 1.8m/s，冬季（12～2 月）平均风速为 2.9m/s（表 9-4-4）。年主导风向为北风，其次为东南风；夏季主导风向为东南风和南风，冬季主导风向为北风（图 9-4-11）。

广州市各气象站累年平均风速（m/s） 表 9-4-4

站名	年平均	春季	夏季	秋季	冬季
花都	2.2	2.2	2.2	2.2	2.3
从化	1.5	1.5	1.4	1.4	1.7
广州	1.8	1.8	1.8	1.8	1.9
增城	2.3	2.2	1.8	2.3	2.9
番禺	2.2	2.3	2.3	2.1	2.1
海珠中大	1.8	1.7	2.0	1.8	1.8

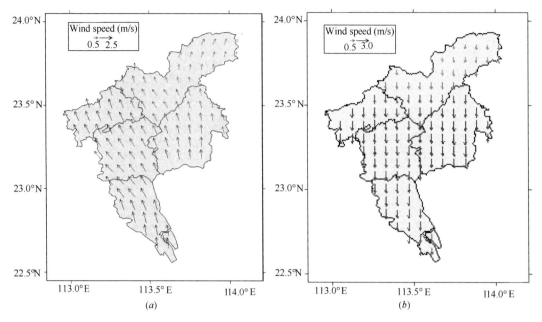

图 9-4-11　广州市夏季和冬季风场空间分布图

(a) 夏季；(b) 冬季

2）中大站风速变化分析

城市化建设一般会导致风速下降，但近几年海珠区的年平均风速并没有随着城市建设明显下降，呈现缓慢上升的趋势。根据海珠区中大站 2008～2013 年气象观测站的资料分析，2008 年年平均风速为 1.72m/s，2011 年的增加到 1.89m/s，2013 年略有回落到 1.79m/s，仍比 2008 年高出 0.07m/s（图 9-4-12）。2011 年风速高的原因之一是当年冷空气活动频繁，偏北风强于常年；在 2013 年冷空气偏弱，偏北风弱的情况下，该年平均风速仍高于 2008 年，可见海珠区通过生态城的合理建设，改变了本区域内的通风环境，使得风速开始得到明显的改善。相较之下，番禺气象站，位于离海珠中大站南面约 18km 的番禺气象站，其近年来年平均风速呈现逐渐下降的趋势，从 2008 年的 2.05m/s 下降到 2013 年 1.73m/s。

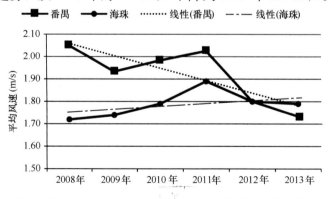

图 9-4-12　2008～2013 年广州海珠区和番禺区年平均风速

4. 海珠生态城的环境空气质量分析

海珠区的空气污染具有"冬强夏弱"的季节性特点。根据环保实况监测资料分析显示（图9-4-13），海珠区 1 月 PM2.5 平均浓度 75～115$\mu g/m^3$ 之间，达到三级

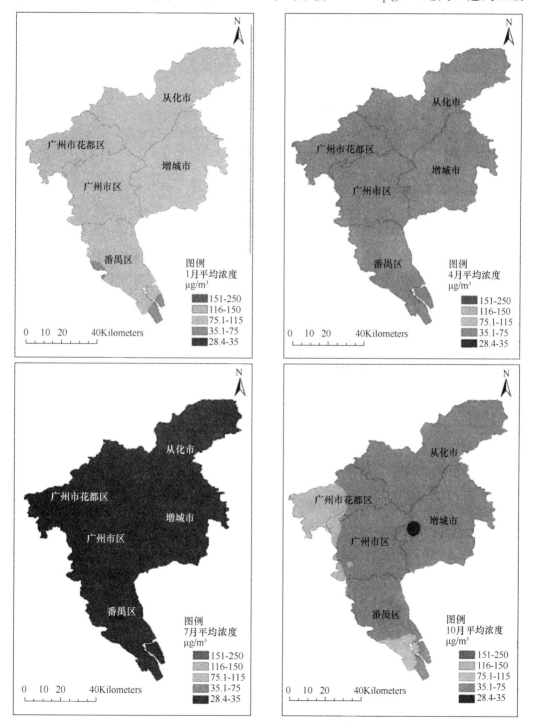

图 9-4-13　广州市 1、4、7、10 月份 PM2.5 平均浓度

标准（轻微污染）。春秋时节的 4 月份、10 月份，PM2.5 平均浓度大多在 35～75μg/m³ 之间，达到二级标准，空气质量良好。夏季 7 月份，海珠区 PM2.5 平均浓度在全年中最低，在 35μg/m³ 以内，空气质量优。

冬天 PM2.5 污染比夏天严重，是由于夏天受热带气旋等强对流天气多发的影响，有较多的台风和降雨，疏散和降低了大气中 PM2.5 浓度。同时，广州夏季盛行东南风，从海面带来的空气较清洁，减少了外源 PM2.5 的流入。而冬季，强劲的西北风受南岭山脉阻挡，转为东北风，风力因此下降，当到达华南地区时，与风力相差无几的东南风相遇，形成对流强度较弱的静止锋，此时风力和风向不明显，降雨也较少，使大气污染物难以扩散。

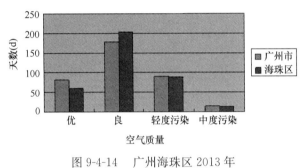

图 9-4-14　广州海珠区 2013 年
全年空气质量对比表

海珠区 2013 年空气质量达标天数为 263 天，占全年总天数的比例为 72.1％，没有出现重度污染和严重污染。全年达标天数比例高于全市平均比例的 71.2％，名列全市第三。各项空气质量达标明细如图 9-4-14 所示。

全市 2013 年 PM2.5 年平均浓度的空间分布表明（图 9-4-15），广州海珠区 PM2.5 浓度处于较低的水平，空气质量优良，PM2.5 的这种空气分布与广州市的城市化建设、植被覆盖的分布相一致。

海珠区东部的环境空气质量要优于西部，海珠湖的空气质量要优于周边地区。2014 年 4～6 月海珠湖站空气质量优良天数 86 天，优良比例 95.6％，比海珠区宝岗、海珠沙园分别高出 3％、2％（图 9-4-16）。

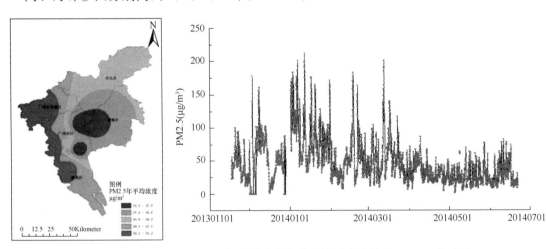

图 9-4-15　广州市 PM2.5 年平均浓度分布和海珠生态湖的 PM2.5 年变化

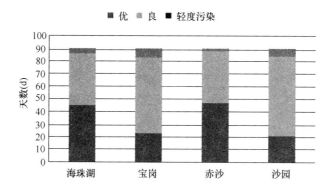

图 9-4-16 广州海珠区 2014 年 4～6 月空气质量对比表

2014 年 4～6 月海珠区 4 各环境气象监测站点 PM2.5 月平均如图所示，海珠湖 PM2.5 的空气污染程度最低，海珠生态城空气质量保持在良好以上，其次是位于其东侧约 4km 的赤沙站，这 2 个站都位于生态城建设力度最大的区域，空气质量最差的区域位于海珠中心城区的宝岗、沙园等地（图 9-4-17）。

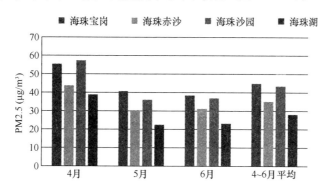

图 9-4-17 广州海珠区各环境气象监测站点 4～6 月 PM2.5 月平均值

海珠湖和赤沙 2014 年 4～6 月 PM2.5 和 NO₂ 日变化情况如图 9-4-18、图 9-4-

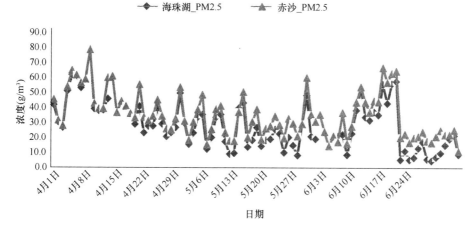

图 9-4-18 广州海珠区海珠湖和赤沙 4～6 月 PM2.5 日变化情况

19 所示，海珠湖站的 PM2.5 日均浓度均低于赤沙站，浓度基本控制在 $60\mu g/m^3$，但 NO_2 浓度高于赤沙站。造成这种现象可能与交通布局有关，NO_2 的主要人为来源之一是汽车尾气，海珠湖四周 1km 内全是公路，西面是广州大道，东面 1km 是新光快速，南面 1km 是环城快速，全是广州交通最繁忙路段之一。而广东商学院周围 1km 处仅有一条较繁忙的新光快速。

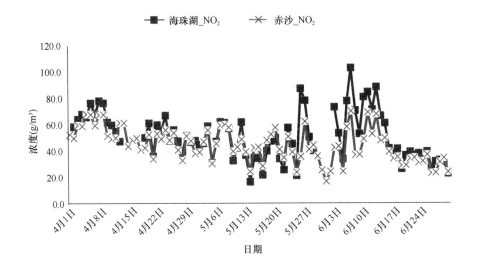

图 9-4-19　广州海珠区海珠湖和赤沙 4～6 月 NO_2 日变化情况

9.5　生物多样性绩效评估

9.5.1　评估目标

以海珠生态城各绿色生态系统为单元，重点为海珠国家湿地公园，通过全面监测和重点评价，获取生境破碎度、陆生脊椎动物（包括兽类、鸟类、爬行类和两栖类）的物种丰富度、物种时空动态、外来物种入侵度、物种受威胁程度等指标的数据，分析和评价海珠生态城的动物多样性的现有本底、发展趋势以及保护效果。

9.5.2　评估思路

采用综合评分法，即建立评价指标体系（表 9-5-1），对指标值量化、数值标准化，获得综合评分，通过对生态城规划、建设不同时期生物多样性评分的波动进行研究，评价生态城建设对于生物多样性保护与恢复的绩效。

生物多样性的评价指标　　　　　　　　　　　　　　　表 9-5-1

分类	序号	指标	指标说明	获取方式
生境状况	1	生境破碎化	评价生境破碎化程度，考察生境改变对生物多样性的影响	调查与遥感
	2	物种丰富度	包括物种多样性和人类威胁	调查与查阅
物种组成	3	外来物种入侵度	指外来入侵物种的种数和种群数量与分布	调查
	4	物种相对密度	指评价区内单位面积上拥有的个体数，用于表征单位面积上动物相对的数量	调查与计算
	5	Shannon-wiener 指数	该指数说明物种多度在评价区内分布一致性	调查与计算
	6	物种特有性	指被评价区域内中国特有物种的相对数量，用于表征物种的特殊价值	调查
	7	物种珍稀度	指被评价区域内国家Ⅰ级和Ⅱ级重点保护物种的相对数量，用于表征物种的特殊价值	调查
	8	物种受威胁程度	《IUCN 物种红色名录濒危等级和标准》中收录的属于极危、濒危、易危、近危的物种	调查
	9	食物链完整性	指评价区内肉食性物种的相对数量，用于表征食物链和食物网的复杂性和完整性	调查
	10	物种普遍性	指评价区内广泛分布物种的相对数量，用于表征当地物种组成和稳定性	调查
	11	白鹭分布与密度	以说明被评价区内湿地环境的优劣	调查与计算
	12	沼水蛙分布与密度	以说明被评价区内优质水环境的存在情况	调查与计算

利用每年调查所得数据，评价不同年间指标的差异性变化，从而评价出生物多样性绩效。

1. 生物多样性保护波动值

将 12 个生物多样性指标分值相加得到总值：

$$V = \sum_{i=1}^{12} K_i$$

式中　V——绩效分值；

　　　K_i——每一指标值。

对前后两年所得总分值（V_1）和（V_2）进行比较，计算波动值：

$$Z_v = (V_2/V_1 - 1) \times 100\%$$

式中　　Z_v——波动值；

　　　　V_1——上年度分值；

　　　　V_2——本年度分值。

评价标准：

波动范围±5%，视为正常，说明能维持正常保护效果；

波动范围5%～10%，视为正向增加，说明具有很高的保护绩效；

波动范围−10%～−5%，视为负向衰减，说明保护绩效差；

波动范围<−10%，>10%，需留意出现异常增长或衰减，说明在保护上出现较大的变化，如果衰减需提高警惕和采取重大措施；如果增长，可能出现保护上的重大转折，需要采取跟进措施，以进一步提升。

2. 生境保护绩效波动值

针对指示物种指标，将当年监测到的物种的相对密度（V_2），与上一年度物种的相对密度（V_1）进行比较，计算波动值：

$$Z'_v = (V'_2/V'_1 - 1) \times 100\%$$

式中　　Z'_v——波动值；

　　　　V'_2——本年度监测到的指标值；

　　　　V'_1——上年度监测到的指标值。

9.5.3　评估结果

1. 生境破碎化数据

提取海珠湿地公园周边用地数据，通过 Arc GIS 统计各类型斑块数与面积（见表9-5-2）。

各斑块类型及面积　　　　　　　　　　　　　　　表 9-5-2

类型	斑块数（个）	总面积（hm²）
湿地	9	569.00
绿地	19	465.00
建设用地	14	889.00
裸地	1	95.00
总计	43	2018.00

其中湿地及绿地斑块为生境斑块。

利用公式初步推导海珠国家湿地公园生境破碎化指数 FI 值为 0.89，破碎化程度较高。在后期建设中应当注重水体及绿地生境改造。由于斑块统计上存在差异，因此建议结合各地实际情况，利用计算机模型进行生境破碎化指数测算。

2. 动物数据

2014 年已在海珠生态城按季节开展 4 次野外调查，将 4 次调查数据进行综合得到 2014 年调查结果。

1）两栖类

共调查到两栖动物 5 科 6 属 7 种，全部为国家保护的有益的或者有重要经济、科学研究价值（简称：三有）的陆生野生动物，广东省重点保护野生动物 1 种，即沼水蛙。

2）爬行类

共调查到爬行动物 5 科 10 属 10 种，全部为国家保护的有益的或者有重要经济、科学研究价值（简称：三有）的陆生野生动物。

3）鸟类

根据调查结果统计，海珠生态城共记录到鸟类有 8 目 21 科 30 种，占广东省鸟类（510 种）的 5.88%。其中雀形目鸟类 14 科 20 种，占鸟类调查到总数的 66.67%；非雀形 7 目 7 科 10 种，占调查到鸟类总数的 33.33%。

4）兽类

实际调查到兽类 1 目 1 科 2 种，分别为褐家鼠和小家鼠。在区系组成上，均属于古北种。

3. 评估结果

根据评估数据，对 2014 年各指标评出赋分值（表 9-5-3）。

2014 年指标得分表　　　　　　　　　　　　　　　表 9-5-3

序号	一级指标	序号	二级指标	评价级别划分依据	赋值
1	生境破碎化	1		Ⅰ破碎化指数 0.00～0.25	100
				Ⅱ破碎化指数 0.26～0.50	75
				Ⅲ破碎化指数 0.51～0.75	50
				Ⅳ破碎化指数 0.76～1.00	**25**
2	物种丰富度 （100 分）	2	物种多样性 （60 分）	Ⅰ物种丰富	60
				Ⅱ较丰富	45
				Ⅲ中等丰富	**30**
				Ⅳ物种较少	15
		3	人类威胁 （40 分）	Ⅰ人类活动少，物种生存不受影响	30
				Ⅱ有少量侵扰活动存在，但物种生存基本不受影响	24
				Ⅲ人类侵扰活动较多，物种生存受到一定影响	**18**
				Ⅳ人类侵扰活动强度大，物种生存面临威胁	12

续表

序号	一级指标	序号	二级指标	评价级别划分依据	赋值
3	外来物种入侵度 （100分）	4	外来物种 种数 （50分）	Ⅰ外来物种种数极少	50
				Ⅱ外来物种种数较少	40
				Ⅲ外来物种种数较多	**30**
				Ⅳ外来物种种数很多	20
		5	外来物种 种群数量 （50分）	Ⅰ外来物种种群数量极少，分布面积极小	50
				Ⅱ外来物种种群数量很少，分布面积小	40
				Ⅲ外来物种种群数量较多，分布面积较大	**30**
				Ⅳ外来物种种群数量很多，分布面积大，已威胁其他物种的生存	20
4	动物相对密度 （100分）	6		Ⅰ与广州地区的比值＞120%	100
				Ⅱ与广州地区的比值105%～120 %	80
				Ⅲ与广州地区的比值95%～105 %	60
				Ⅳ与广州地区的比值80%～95%	**40**
				Ⅴ与广州地区的比值＜80%	20
5	物种的 Shannon-wiener 指数 （100分）	7		Ⅰ与广州地区的比值＞120%	100
				Ⅱ与广州地区的比值105%～120 %	80
				Ⅲ与广州地区的比值95%～105 %	60
				Ⅳ与广州地区的比值80%～95%	**40**
				Ⅴ与广州地区的比值＜80%	20
6	物种特有性 （100分）	8		Ⅰ中国特有物种数量＞10	100
				Ⅱ中国特有物种数量8～10	80
				Ⅲ中国特有物种数量5～7	60
				Ⅳ中国特有物种数量1～4	**40**
				Ⅴ无	20
7	物种珍稀度 （100分）	9		Ⅰ国家重点保护物种数量＞20	100
				Ⅱ国家重点保护物种数量16～20	80
				Ⅲ国家重点保护物种数量11～15	70
				Ⅳ国家重点保护物种数量6～10	50
				Ⅴ国家重点保护物种数量1～5	**30**
				Ⅵ无	20
8	物种受威胁程度 （100分）	10		Ⅰ红色名录物种数量＞10	100
				Ⅱ红色名录物种数量7～9	80
				Ⅲ红色名录物种数量4～6	60
				Ⅳ红色名录物种数量1～3	**40**
				Ⅴ无	20

续表

序号	一级指标	序号	二级指标	评价级别划分依据	赋值
9	食物链完整性 （100 分）	11		Ⅰ 肉食性物种数量所占比例＞10.0%	100
				Ⅱ 肉食性物种数量所占比例 7.1%～10.0%	80
				Ⅲ 肉食性物种数量所占比例 4.1%～7.0%	**60**
				Ⅳ 肉食性物种数量所占比例 1.1%～4.0%	40
				Ⅴ 肉食性物种数量所占比例＜1.0%	20
10	物种普遍性 （100 分）	12		Ⅰ 广泛分布性物种数量所占比例＞50.0%	100
				Ⅱ 广泛分布性物种数量所占比例 40.1%～50.0%	**80**
				Ⅲ 广泛分布性物种数量所占比例 30.1%～40.0%	60
				Ⅳ 广泛分布性物种数量所占比例 20.1%～30.0%	40
				Ⅴ 广泛分布性物种数量所占比例＜20.0%	20
11	白鹭分布与数量 （100 分）	13		Ⅰ 与广州地区密度的比值＞120%	100
				Ⅱ 与广州地区密度的比值 105%～120 %	80
				Ⅲ 与广州地区密度的比值 95%～105 %	60
				Ⅳ 与广州地区密度的比值 80%～95%	40
				Ⅴ 与广州地区密度的比值＜80%	**20**
12	沼水蛙分布与 数量（100 分）	14		Ⅰ 与广州地区密度的比值＞120%	100
				Ⅱ 与广州地区密度的比值 105%～120 %	80
				Ⅲ 与广州地区密度的比值 95%～105 %	60
				Ⅳ 与广州地区密度的比值 80%～95%	40
				Ⅴ 与广州地区密度的比值＜80%	**20**

注：表中黑体字为项目结果及对应分值。

2014 年生物多样性分值 $V=503.00$，均值 41.92，属中等偏低值；

指示物种指标分值中白鹭与沼水蛙得分均为 20 分，均属偏低值；

　　要对绩效进行动态评价，需进行后续调查，对不同年份间的波动进行考察，以确定生态城建设对生物多样性保护的绩效。

9.6　评估总结及建议

9.6.1　评估结论

　　经过海珠生态城的规划建设，海珠生态城已进入土地二次开发的时期，生态系统服务功能处于相对平稳的状态，城市居民生活的便利性和对生态空间设施的可达性有所提高，土地集约效益在生态价值与经济社会价值上都得到进一步的体现。海珠生态城近年来水环境绩效趋势总体变好。水质、污染排放与水环境治理状况三方面的评估结果显示，海珠生态城重点水体水质大体上呈改善的趋势，说明生态城河流整治、补水调水、污水处理系统建设等水环境整治相关工程措施对水质改善起到一定作用；生态城主要水污染物排放量的减少也证明了区域污染减排措施取得了成效，这也会对水质改善产生一定的作用；水环境治理状况明显看出生态城污水收集处理能力有了较大的提升，说明生态城随着沥滘污水处理系统的逐步完善，区域污染治理水平大大增强，对污染减排、水质改善均起到一定的作用。随着万亩果园湿地和海珠湖湿地的建设，根据近期监测数据，海珠区的城市热岛效应较周边有所降低，空气流通速度较 2008 年略有提升，空气质量有所改善，污染天气有所减少，动物种类与数量也呈现逐步上升的趋势。

1. 土地利用的环境绩效评估结论

1）污染性工业用地

从污染性工业用地的扩展/退化情况看，其经历一个从高速增长到增速减缓再到逐步退化的过程，大量的工业用地被置换成为居住、商业、文化创意、休闲娱乐用地，工业用地分布逐渐呈现零碎化分布的特征。从 TOD 集约开发度的角度分析，75.2%的污染性工业置换用地（绿地除外）处于 TOD 站点 200m 或 400m 半径的覆盖范围内，其土地利用符合高效集约的原则；而污染工业用地置换为绿地的规模占新增公园绿地总规模的 68.3%，此部分置换用地成为公园绿地广度、密度及可达性增加的关键要素之一。

2）生态城范围生态系统服务功能总价值（GEP）

将生态城划分为 4 个不同的生态系统类型，从生态系统产品、生态调节服务 2 个方面评价。分析计算表明，2004~2013 年，生态系统服务功能总价值逐年下降；2013 年至规划期末，生态系统服务功能总价值显著增加；从生态系统服务价值角度评价，湿地生态系统最值得重视；规划期末生态服务功能总价值构成相比之前更多元化，结构趋于平衡；随着万亩果园功能向湿地旅游公园转变，生态系统的文化旅游服务价值不断的提升，成为整个生态城生态系统服务功能总价值变化的主要动力和来源之一。

3）TOD 集约开发度

通过梳理海珠区现状的轨道站点覆盖，共有 20 个轨道站点，轨道站点 500m 覆盖率约达到 15%。经对比分析，2009~2012 年 TOD 影响区综合容积率显著提高，集聚开发活动频繁，显著提高的站点占全区站点的 30%，其中容积率提高均超过 0.3 以上，与旧区重建及琶洲重点地区建设情况相符；部分站点呈现出综合容积率下降的现象，同样反映出生态城范围内旧城旧村的改造期间建设情况。

4）公园绿地可达性

选择公园绿地、生态公园、高校校园作为可达性的评估对象，从 2006 年、2008 年、2010 年、2013 年 4 个年份和海珠生态城规划进行评价。结果表明，公园绿地总量有大幅增加；布局结构更加合理，网络形态初现；可达性时间有了较好的改善，出行时间缩短；与城市居住区布局结构进一步契合，资源利用更加集约；但现状新增城市居住区仍集中在西片，西片公园绿地服务压力较大。规划的预评估显示，公园绿地分布的广度与密度进一步提高，可达性大为提高。

5）"城市矿山"开发利用率

以海珠区人均垃圾排放量、资源化回收率、无害化处理率等指标评价"城市矿山"开发利用率状况。2006~2012 年总体上趋势良好，基本达到或超过了国内相关标准以及平均水平。但相比国外先进水平还有一定的差距，如按照 2012 年水平来看，人均垃圾排放量高于国外先进水平 10% 左右，垃圾无害化处理率低于 10%，垃圾资源化利用率差距更大，差距在低于国外水平 40% 左右。因此，海珠区生态城建设，应充分认识"城市矿山"开发利用的社会、环境效益，缩小与国外先进水平之间的差距，需进一步提高并优化这些指标。

2. 水资源环境绩效评估结论

海珠生态城土地使用类型的变化在一定程度上改变了区域面源污染排放特征，从而对环境水体水质产生一定的作用。生态城水田、果园等农业用地的减少对环境水体水质的改善、水环境绩效的提升产生了一定的积极作用（表 9-6-1）。

1）水质方面

江河水质基本维持Ⅳ类，平均污染指数降低了约 10%；重点河流的水质也有了一定的改善，水质平均污染指数总体上降低了 41%；海珠湖水质枯水期改善趋势相对明显，其他水期近年波动变化，总体上平均污染指数降低了约 41%，营养状态亦略有改善，从中度富营养化转过渡到轻度富营养化。

2）污染排放方面

化学需氧量和氨氮 2013 年排放量（工业源和生活源合计量）比 2010 年有所减少，减少达 40% 左右，其中主要是生活源 COD 和氨氮减排成效明显，与 2010 年相比，2013 年生活源污染物的排放减少 40% 以上。

3）水环境治理方面

随着城市污水处理系统的不断完善，2013 年的生活污水集中处理率达到 90.61%，与 2010 年相比，处理率增加 45 个百分点。2011~2013 年由于污水处理厂污水处理量基本不变，加上生态城人口数量变化很小，生活污水产生量变化很小，使得这 3 年污水处理率基本保持稳定。

海珠生态城水环境绩效评估结果汇总表

表 9-6-1

类别		指标	2010 年	2011 年	2012 年	2013 年	2014 年
水质状况	江河	水质平均污染指数	0.67	0.63	0.60	0.60	—
	河流	水质平均污染指数	3.02	2.00	1.56	1.29	1.77
	湖泊	水质平均污染指数	—	1.38	0.90	0.81	0.81
		营养状态	—	中度富营养	中度富营养	轻度富营养	轻度富营养
污染排放状况		COD（t）	8290.81	4874.36	4853.07	4874.11	
		氨氮（t）	1070.66	639.44	642.11	643.08	
水环境治理状况		生活污水处理率	55.85%	90.61%	90.61%	90.61%	

3. 局地气象与大气质量绩效评估结论

利用海珠湖气象和大气质量观测站、广州市自动气象站网、广州市环境空气质量监测网、卫星遥感等观测到的数据进行分析，得到以下几点结论：

1）缓解"城市热岛"

海珠生态城的建设缓解了该区域"热岛效应"，在广州市 2013 年热岛强度强于 2012 年的形势下，海珠区的热岛的空间分布也发生了改变，2013 年在海珠东部及海珠、番禺交界附近地区，出现了负的"热岛效应"中心，也就说该区域不再是城市的热源，变成了城市冷源。这区域正是近几年生态城建设的重点区域。

2）改善通风环境

海珠生态城的建设保持并略微改善了该区域通风环境，生态城内中山大学气象站的观测表明，近几年平均风速呈现缓慢上升的趋势。2012～2013 年平均风速约 1.8m/s，仍比 2008 年高出 0.08m/s。相较之下，常规的城市规划建设会造成区域内下降风速下降。

3）改善空气质量

海珠生态城范围内的环境空气质量要优于周边地区，2013 年海珠区 PM2.5 浓度在全市处于较低的水平，空气质量优良，而且海珠区东部的环境空气质量要优于西部，生态城已建设区域要优于周边地区。2014 年 4～6 月海珠区 4 个环境气象监测站点 PM2.5 月平均浓度，海珠湖的空气污染程度最低，其次是位于其东侧约 4km 的赤沙站，与海珠区的城市化建设、植被覆盖的分布相一致。

总体而言，评估表明海珠生态城的建设开展以来，区域内的热环境、通风环境和环境空气质量相比于建设前，周边未开展生态城建设的区域得到了缓解和一定程度的所改善。应该注意到的是评估存在的不确定性。一是观测资料方面，现有资料时间较短，站点较少，空间分辨率较粗，部分数据还存在不齐备的情形。二是影响地区的天气系统尺度跨级大，同时存在气候变化的背景，加之城市规划建设与局地大气环境的关系十分复杂，而且本评估中所用的方法在分离、确定城市规划对局地大气环境变化的影响上还存在不确定性。

4. 生物多样性的环境绩效评估结论

随着海珠生态城的建设与发展，生态城内的生境将不断改善，湿地方面资源也将得到改造，动物种类与数量有望逐步上升。

1）生物多样性丰富度仍不理想

根据文献及历年调查统计，海珠生态城范围内有哺乳类 13 种，鸟类 72 种，两栖类 11 种，爬行类 11 种。其中，有 6 种国家Ⅱ级重点保护野生动物。根据调查评估结果，区域内的动物资源较历史记录而言并不乐观，各类群均未能达到历史记录数量，特别是在鸟类方面：以雀形目等小型鸟类为优势种，鹭类、水禽和涉禽等原本记录分布于该区域的主要湿地鸟类并不多见。原因有三点：①单年度的调查时间与强度有限，未能调查到海珠湿地内分布的所有物种，后期应加强开展调查工作；②尽管海珠湿地植被较好，但其大部分区域前身为果园，植被结构较为单一，同时某些区域如海珠湖为 2010 年 9 月建设完成的新的人工湿地和城市公园绿地，移植的植物还未充分长成，鸟类对该区域的栖息利用尚处于适应阶段，导致整体区域内的动物种类和数量都不丰富；③虽然目前生态城内生境破碎化比较不严重，但道路的修建会对原有生境形成分割，同时生态城建设施工中的人类活动、机器噪声等会对动物形成一定干扰。

2）外来物种入侵值得重视

特别需要引起注意的是调查发现了典型的外来入侵物种——红耳龟（俗称巴西龟）。近年来红耳龟在宠物市场大量出售，价格便宜，常有人购买放生。因此，调查发现的红耳龟应是人为放生的动物。红耳龟是国际自然保护联盟（IUCN）列出的"世界最危险的 100 个入侵物种"之一，该种原产于美国中部，对环境适应能力、繁殖力和竞争力强，食性杂，传播沙门氏杆菌，能与不同科的龟杂交，目前已经在我国长江、珠江等大部分地区发现红耳龟的野生种群，潜在生态危害非常严重。调查中还发现了另一种外来生物即非洲爪蟾。要保护与提高海珠生态城的生物多样性，须及时对这些已经入侵的外来有害动物进行有效清除。

9.6.2　对当地开发建设的建议

1. 进一步优化产业结构，坚持发展绿色产业

1）积极推动生态城产业布局与结构优化调整

海珠生态城应着力将生态型产业作为生态城的主导发展方向，继续积极推海珠生态城产业转型升级、集约发展，加快"退二进三"、"双转移"和"三旧"改造工作，逐步淘汰低技术、高能耗、低产出、不符合城市发展规划的落后产业，清理整顿规模小、档次低、劳动密集型工业企业，实现土地资源的优化利用，预留未来产业发展空间。

2）加强污染性工业用地的治理和无害化处理

污染性工业用地功能置换向多元化方向发展，建立正确的土地补偿机制，鼓励工业企业将用地置换成为公益性的生态绿地和公共设施用地，增加生态城的生态宜居度；置换为居住及商业功能的用地应考虑集约开发的原则，尽量围绕 TOD 站点周边布局，形成合理的用地空间布局。大力推进"城市矿山"资源的优化再利用，进一步完善垃圾的收集和无害化处理，完善垃圾收集点和设施的升级，缩短与国外先进地区的差距。

3）加大绿色能源的使用和提高绿色建筑的比例

来自汽车尾气、工业生产及日常生活排放的废气中，有大量的温室气体，会大大减少城区地表的有效长波辐射，起保温作用。应加快新能源技术的开发和引用，提倡和鼓励多使用电能、风能、气能等清洁能源，减少温室气体的排放。提倡绿色、节能、环保建筑材料的普及和使用，提倡和管理节水、节电、节能绿色建筑的建设。

2. 树立土地集约开发的理念，合理规划空间布局

1）提倡和鼓励 TOD 集约开发度

合理推进 TOD（以公共交通为导向的开发模式）站点的覆盖，采用契合各站点周边功能定位和实际情况选择合适的开发策略，选用与站点价值相适应的容积率，适度提高居住人口与公共服务设施集聚，提升土地的集约开发度，为创造更多的生态用地留出可能。

2）优化空间布局，预留城市生态廊道

海珠生态城是我国重要的候鸟迁徙通道之一，对保护和维系生物多样性具有重要的意义。考虑到湿地鸟类及候鸟迁飞的需要，万亩果园湿地和海珠湖湿地周边地段的建筑密度不易过大，容积率不宜过高，建筑外立面应以清新、柔和的色彩辅以大量绿色植被，不阻挡鸟类正常的飞行和迁徙，建筑高度应小于等于 300m 以利于鸟类飞行高度的建筑。

整体布局应结合常年风向和候鸟迁徙路线，预留几个开敞的城市生态廊道，用于候鸟迁徙和提高城市通风走廊以利于大气热量交换；减少人为的热量排放。当道路不可避免地经过生物的主要栖息地时，应为野生动物建设相应的路下涵洞，从而使生态城内的道路建设所引起的对动物的人为隔离得到改善，将各个生境有机地联系起来，扩展动物的活动范围和增加生境间的相互交流，改善人为造成的生境破碎化所带来的问题。

3）保护动物栖息地的连续性，维护生物多样性

栖息地丧失及生境破碎化是导致动物种群衰落甚至消亡的主要原因之一。因此

生态城规划建设时，针对沼水蛙等两栖动物，应尽可能保留大面积连续湿地（连续面积应不小于 800 亩），以满足其栖息与繁殖需要；针对鸟类与小型兽类，尽量避免人为建筑对绿地形成高强度的分割。最大程度减小建筑物造成的生境破碎化及栖息地的破坏。

3. 注重生态保育工作，强化绿化设施建设

海珠生态城的建设需秉持"紧密结合自然，实现城市结构、功能与环境和谐共生"的开发建设理念。以"保护敏感脆弱的生态环境"为基本规划目标，充分考虑地段内丰富的地形地貌以维护区域有价值的自然特征，保护生态多样性、地区微气候特征等。

1）注重民生需求，改善区域生态环境

分析表明公园绿地分布的合理性比总量的增加更加重要，未来应注意在居住区中积极培育社区公园和街旁绿地，提高短时间内到达公园绿地的居住区在居住区整体公园绿地可达性中的比例，进一步提高生态宜居度。继续强化生态城污染治理能力，重点提升生活污染削减水平，完善污水收集管网、雨污分流，强化污水处理厂排水监管和排污管理政策；积极控制农田径流等面源污染和继续强化工业污染控制，减少生态城污染负荷。城市绿化覆盖率与热岛强度成反比，绿化覆盖率越高热岛强度越低。有研究表明当绿化覆盖率大于 30%，热岛效应得到明显削弱，绿化覆盖率大于 50%，热岛效应的削减作用极其明显。

2）加强湿地资源保护，维护区域生态平衡

分析表明湿地的单位面积贡献最大，未来万亩果园从生产功能向生态保育功能转变的过程中应注重湿地建设及其他各项生态系统的价值，同时发挥万亩果园的中心区位优势，承担更多休闲观光旅游的功能，提升生态系统服务功能的总体价值。一个良好的生态环境是许多对水质要求较高的两栖爬行动物得以栖息和繁殖的必备条件，对一些两栖爬行类多样性的关键水域，应尽量避免对这些水域的污染以及破坏；同时，湿地也是水鸟觅食、栖息的关键场所，因此保护好这些水域环境，才能更好地对动物资源进行保护。

4. 加强科普宣传力度，提高公众生态保护意识

1）开展多种形式的湿地科普宣传教育

通过电视、报纸、广播等媒体，利用实物展览、宣传栏、宣传单等宣传方式，加大科普教育宣传，提高公众的野生动物保护意识。大力宣传野生动物对维护生态平衡的重要作用，让公众了解野生动物对生态环境的多种好处，减少公众对野生动物的滥捕滥杀行为。科学引导和介绍，增殖放流（放生）对维护和保持生物多样性的积极意义，避免不当增殖放流（放生）引起的外来物种入侵，破坏海珠生态城区域的生态系统结构。

2）建设节水型社会

运用好各种媒体途径，发布节水公益广告，发布节水知识和推广节水技术及器具，开展形式多样、卓有成效的宣传工作，树立起社会各界对水资源的忧患意识。通过鼓励节水技术与产品的研发，加强对供水管网维修管理，降低管网水损耗率，推进分质供水、中水回用等措施，提高水资源的利用效率和效益，大幅降低用水量和排水量，发展工业、农业、服务业和生活节水，建设低碳绿色生态城。

3）适当控制人类活动

人类活动会对野生动物栖息地造成侵扰，影响野生动物的觅食、繁殖等。因此生态城建设应考虑在区域内适当控制人类活动强度，减少对野生动物栖息环境的干扰，特别是在动物集中分布区域尽量减少建筑施工，让动物种群在安全、稳定的环境中不断发展壮大。

5. 继续强化海珠生态城调水补水工程

生态城内各流域片区应按照海珠区引水补水工程规划深化实施方案。汛期河道需排水时，与珠江连通的水闸根据各地区的具体情况，制定相应的调度方案，可多向排水；枯水期河涌补水利用自然潮汐，落潮排水，涨潮引水，利用涌口水闸，将潮水留在河道内，通过水闸灵活调度控制河道水位，改变河道双向流为单向流。海珠生态城区内主要引清通道为赤岗涌、黄埔涌、赤沙涌、石榴岗河、北濠涌、海珠涌，其余河溪建议逐步完善调水补水工程，通过水闸调度，实现科学配水，最大限度发挥生态城中湿地净化水体的功能。

附录 A
特殊指标专项研究（一）
——生态系统服务功能总价值

A.1 相关概念及研究

A.1.1 生态系统服务

生态系统服务是指自然生态系统向人类社会提供物质、能量以及接纳人类废弃物等行为，其确切的定义目前仍存在争论，不同的学者根据自身的研究提出了不同的见解。Daily 认为，自然生态系统通过生态服务支撑和维持着人类的生命过程；Costanza 则指出，生态系统服务指人类从生态系统中直接或间接的获取益处。21世纪初，联合国组织大批科学家基于全球尺度进行了生态评估，并在 2005 年发布了《千年生态系统评估报告》（Millennium Ecosystem Assessment，MA），MA 指出，人类的福祉与生态系统的状态及变化关系密切，进而给出生态系统服务的定义为"人们从自然生态系统中获得的利益"。MA 的发布引发了关于生态系统服务研究的新的高潮。但 MA 关于生态系统服务的定义本身较为宽泛，不同的个体则可能会读出不同的具象意义。国内关于生态服务的研究起步较晚，20 世纪 80 年代，许涤新、马世骏等先后发表文章，将经济价值概念引入生态学研究，开辟了我国生态价值研究的先河。但直到 2000 年左右，生态系统服务相关理念才被引入中国。目前，我国的相关研究已由效仿学习阶段进入深入与多元化应用阶段，并在生态系统评估方法、评估模型、多学科交融等方面取得了一系列成果。

生态系统服务的分类是生态服务价值评估的前提。事实上，生态系统本身极其复杂，各子系统及各要素之间存在联系，因此，人为的对生态服务进行分类时，对于各大类之间的交叉重叠部分很难界定。目前，生态系统服务的分类方法较多，影响较大的包括 Freeman、De Groot、MA 等的划分方法。Freeman 基于生态系统本身考虑，将生态系统服务分解为原材料供应、舒适性保证、生命维护以及废弃物处置。De Groot 则考虑生态系统的不同属性，将生态系统服务分为信息服务、生产服务、承载服务、调节服务 4 个大类，并进一步细化为 23 个小类。MA 将生态系统服务划分为供给服务、调节服务、支持服务、文化服务。Costanza 因生态系统的差异，将生态系统分为 17 个类型，同时将生态服务分为了气体调节、食物生产等16 个类别。Wallace 则突出强调了目的性，将生态系统服务分解为资源供给、捕食者/疾病/寄生虫保护、友好自然和化学环境、社会文化成就 4 个大类。除生态系统本身的复杂性外，不同主体出发点不同，同时对服务实体的认知也不尽相同，致使不同的分类方法不断涌现，难以统一。

A.1.2　生态系统服务价值

生态系统服务价值是生态系统服务的价值化表现，生态服务价值评估即通过技术手段量化人类直接或者间接从自然生态系统中获取的利益及福祉。生态系统服务价值的理论基础包括劳动价值论、效用价值论等。其中，前者认为，自然生态本底通过人为保护、修护等过程注入了大量的人类劳动，应当体现出相应的价值。后者则从效用性和需求性出发，认为自然生态系统所提供的服务具有上限，而人类的需求则不断增加，这种差异将在市场关系中以价格的形式表现出来。尽管理论基础各异，但各方均承认生态系统服务具有价值，同时，生态系统服务价值可以用货币进行衡量也是当下已经达成的共识。

对于生态系统服务价值的分类源于对生物多样性价值的分类，联合国环境规划署将生物多样性价值分为 5 个类别，分别是有明显实物形式的直接用途、无明显实物形式的直接用途、间接用途、存在价值以及选择用途。Pearce 则将生物多样性价值分为使用价值和非使用价值两类，其中前者包括直接使用价值、间接使用价值、选择价值，后者包括保留价值、存在价值。此外，De Groot 等根据生态系统服务对人类生活不同方面的影响，将生态系统价值分为生态价值、社会文化价值和狭义经济价值。国内学者，包括欧阳志云、赵士洞等也对生态系统服务价值分类进行了研究，主要分为直接利用价值、间接利用价值、选择价值以及存在价值等。

直接使用价值通常指生态系统的环境价值，可细分为物质性价值和非物质性价值。前者指生态系统资源适度开发可获得的生物量价值，包括动物价值、植物价值等。后者则主要指生态系统在支撑旅游、科研、教育方面的经济效益。间接使用价值一般指生态系统为人类或者其他生物提供间接益处时所显现出的价值，可细分为可利用价值、非可利用价值。前者包括保持水土、调节气候、净化环境、释氧固碳、循环营养物质、涵养水源等价值，后者则包括生态系统的美学价值、历史价值等。非使用价值包括选择价值、遗传价值、存在价值等。选择价值表征生物资源和生物多样性的未来潜力，遗传价值可解释为人类为子孙后代能够持续享用自然生态系统而付出的费用，存在价值则为人类为了自然生态系统资源的存在而支付的费用。

A.2　评价方法

A.2.1　Costanza 评估体系

在《世界生态系统服务和资源功能总价值》一文中，Costanza 等将地球生态系统分为：远洋、河口、海草/海藻、珊瑚礁、大陆架、热带林、温带/北方林、草地/牧场、海涂/红树林、沼泽/河漫滩、湖泊/河流、荒漠、苔原、冰川、农田和城市，共计16种生态系统类型。在同一篇文章中，Costanza等又将生态系统服务功能分为：气体调节、气候调节、扰动调节、水调节、水供给、控制侵蚀和保持沉积物、土壤形成、养分循环、废物处理、传粉、生物控制、避难所、食物生产、原材料、基因资源、休闲和文化，共计17种类型。基于上述划分，Costanza等采用经济评价方法，估算了各生态系统类型的单位面积价值，并提出了生态系统服务价值的评价模式：

$$E = \sum_{a=1}^{n} P_a\, S_a \tag{A-2-1}$$

式中　E——研究区生态系统服务总价值；

　　　S_a——研究区内地表覆盖类型为 a 的面积；

　　　P_a——单位面积上地表覆盖类型为 a 的生态系统服务价值系数（表 A-2-1）。

全球生态系统类型对应的生态服务价值系数　　　　　　表 A-2-1

生态系统类型	远洋	河口	海洋/海藻	珊瑚礁	大陆架	热带林	温带/北方林	草地/牧场
生态价值系数 [$/（hm²·a）]	252	22832	19004	6075	1610	2007	302	232

生态系统类型	海涂/红树林	沼泽/河漫滩	湖泊/河流	荒漠	苔原	冰川	农田	城市
生态价值系数 [$/（hm²·a）]	9990	19580	8498	0	0	0	92	0

A.2.2　谢高地评估体系

Costanza评估体系针对全球尺度提出，直接套用于中国本土容易出现偏差。谢高地等也认为，探讨中国的生态系统服务价值，直接套用Costanza的成果是不恰当的。因此，在前人研究基础上，谢高地等分别在2002年和2006年，采用问卷调查的方式征求了国内700位相关专业人士（问卷回收率35.9%）的意见，进而形成了新的生态系统服务评估体系（表 A-2-2）。在该评估体系中，谢高地提出了中国生态系统服务的价值当量因子表（表 A-2-3）、生态服务价值系数、全国不同省域的地区修正系数等一些列参数，这些参数的提出使得中国本土的生态系统服务价值评估更为准确。

谢高地评价体系指标分类 表 A-2-2

一级类型	二级类型	与 Constaza 分类的对照	生态服务的定义
供给服务	食物生产	食物生产	将太阳能转化为能食用的植物和动物产品
	原材料生产	原材料生产	将太阳能转化为生物能，给人类作建筑物或其他用途
调节服务	气体调节	气体调节	生态系统维持大气化学组分平衡，吸收二氧化硫、吸收氟化物、吸收氮氧化物
	气候调节	气候调节、干扰调节	对区域气候的调节作用、如增加降水、降低气温
	水文调节	水调节、供水	生态系统的淡水过滤、持留和储存功能以及供给淡水
	废物处理	废物处理	植被和生物在多余养分和化合物去除和分解中的作用，滞留灰尘
支付服务	保持土壤	侵蚀控制可保持沉积物、土壤形成、营养循环	有机质积累及植被根物质和生物在土壤保持中的作用，养分循环和累积
	维持生物多样性	授粉、生物控制、栖息地、基因资源	野生动植物基因来源和进化、野生植物和动物栖息地
文化服务	提供美学景观	休闲娱乐、文化	具有（潜在）娱乐用途、文化和艺术价值的景观

谢高地评价体系生态服务价值当量 表 A-2-3

生态服务项目	农田		森林		草地		河湖		湿地		荒漠	
	2002年	2007年	2002年	2007年	2002年	2007年	2002年	2007年	2002年	2007年	2002年	2007年
食物生产	1	1.00	0.1	0.33	0.3	0.43	0.1	0.53	0.3	0.36	0.01	0.02
原材料生产	0.1	0.39	2.6	2.98	0.05	0.36	0.01	0.35	0.07	0.24	0	0.04
气体调节	0.5	0.72	3.5	4.32	0.8	1.50	0	0.51	1.8	2.41	0	0.06
气候调节	0.89	0.97	2.7	4.07	0.9	1.56	0.46	2.06	17.1	13.55	0	0.13
水文调节	0.6	0.77	3.2	4.09	0.8	1.52	20.38	18.77	15.5	13.44	0.03	0.07
废物处理	1.64	1.39	1.31	1.72	1.31	1.32	18.18	14.85	18.18	14.40	0.01	0.26
保持土壤	1.46	1.47	3.9	4.02	1.95	2.24	0.01	0.41	1.71	1.99	0.02	0.17
维持生物多样性	0.71	1.02	3.26	4.51	1.09	1.87	2.49	3.43	2.5	3.69	0.34	0.40
提供美学景观	0.01	0.17	1.28	2.08	0.04	0.87	4.34	4.44	5.5	4.69	0	0.24
总计	0.691	7.9	21.85	28.12	7.24	11.67	45.97	45.35	62.71	54.77	0.42	1.39

价值当量法的原理是，首先计算出本地区农田平均每年自然粮食产出的经济价

值（公式 A-2-2）；再由生态系统服务价值当量表（表 A-2-3），结合公式（A-2-3）计算出每一类生态系统、每一种生态服务类型下，单位面积的生态服务价值；最后通过叠加，计算出整个区域的生态系统服务总价值（公式 A-2-4）。

$$E_n = \frac{1}{7}\sum_{i=1}^{n}\frac{m_i\,p_i\,q_i}{M} \tag{A-2-2}$$

$$E_{rj} = e_{rj}\,E_n \tag{A-2-3}$$

$$E = \sum_{a=1}^{n}A_j\,E_{rj} \tag{A-2-4}$$

式中　E_n——单位面积农田生态系统提供食物生产服务功能的经济价值，元/ hm²；

　　　i——作物种类；

　　　p_i——i 种作物价格，元/kg；

　　　q_i——i 种粮食作物单产，kg/ hm²；

　　　m_i——i 种粮食作物面积，hm²；

　　　M——n 种粮食作物总面积，hm²；

　　　1/7——在没有人力投入的自然生态系统提供的经济价值与单位面积农田提供的食物生产服务经济价值的比例；

　　　E_{rj}——j 种生态系统 r 种生态服务功能的单价，元/ hm²；

　　　e_{rj}——j 种生态系统 r 种生态服务功能相对于农田生态系统提供生态服务单价的当量因子；

　　　r——生态系统服务功能类型；

　　　j——生态系统类型；

　　　E—— 区域生态系统服务总价值；

　　　A_j——j 类生态系统的面积。

本方法的核心是参数 E_n，即研究区单位面积农田生态系统提供食物生产服务功能的经济价值的计算。E_n 的计算精度与数据支撑程度关联密切，更加贴合当地实际的经济数据往往能得到更加精确的结果。而关于公式（A-2-2）的应用，大多数研究人员趋向于采用 2002 版本的生态服务价值当量表作为依据，采用 2007 版本的研究者相对较少。

A.3　评估方法修正

现有的基于土地利用覆被的生态服务价值评估方法中，市场价值法、替代市场法和模拟市场价值法等是方法基础，Costanza 等提出的采用土地利用覆被面积与单位面积生态服务价值系数相乘是方法突破，而谢高地等提出的价值当量、价值系数和区域修正则是方法完善。但目前的评价体系仍存在一些不足，尤其是对土地利用覆被密度的关注较少，因为同种土地覆盖类型，覆被密度较高者，生态系统服务价值通常也较高。因此在评估实践中应重点考虑基于植被覆盖度的单元格修正。对于实际评估项目，可根据区域环境的特点和可获取数据的情况，选择适宜的评估方法，进行适当修正后评估区域生态系统服务功能总价值，也可基于生态系统服务价值的内涵，经研究提出适当的评估体系，开展生态系统服务功能总价值评估。

本指南前面给出的案例中，北京市怀柔区雁栖湖生态示范区是基于谢高地所提出的生态服务价值评估体系开展的评估，而广州市海珠区海珠生态城则是基于深入研究后提出的针对项目自身特点的评估体系。在下一节中，将对海珠生态城的生态系统服务功能总价值的评估体系及评估过程作一个详细阐述，以供参考。

A.4　案例应用

根据海珠生态城的特点，基于遥感数据和电子地图提供的植被信息，将生态城划分为 4 个不同的生态系统类型，并从物质量和价值量 2 个方面评价其不同生态系统类型提供的各项服务功能。4 大类生态系统具体为：

（1）森林生态系统，根据森林类型进一步划分为：①灌木林、疏林（如小面积树林、狭长林带、独立树丛、行树、灌木林、竹林等）；②经济林（包括果园）。

（2）草地生态系统，包括草地、苗圃、花坛、城市其他类型绿地等。

（3）农田生态系统，包括稻田、旱地、经济作物地、菜地等。

（4）湿地，包括湿地、水生作物地。

同时，通过对目标研究范围的基期年、现状年以及规划年末这 3 个阶段的各类生态系统的数据整理，分析比较，了解目标研究范围目前生态系统服务功能的现状、存在问题以及未来发展趋势（图 A-4-1）。

A.4.1　评估研究

通过对海珠区现有资料的整理，评估选取了海珠区 2004 年、2013 年以及规划年末这 3 年作为研究海珠区当前的生态环境绩效的依据，各生态系统数据详见表 A-4-1。对其各项生态服务功能的指标进行分析整理，如图 A-4-2、图 A-4-3 所示。

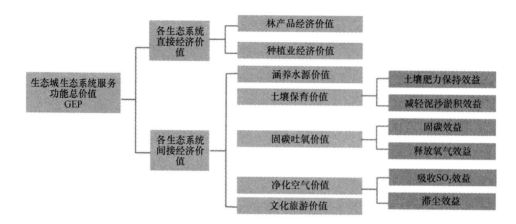

图 A-4-1　海珠生态城生态系统服务功能总价值评估体系构成示意图

各生态系统用地在时间上的变化统计表（面积单位：hm²）　　表 A-4-1

生态系统类型	年份	2004 年	2013 年	规划年末
森林生态系统	灌木林	29.31	54.5	105.2
	经济林（果园）	1658.42	894.4	642.5
草地生态系统		16.32	24.6	348.8
农田生态系统		635.09	338.4	212.5
湿地		1773.22	1513.2	1636.4
总计		4112.36	2825.1	2945.4

数据来源：广州市国土和房管局网站。

图 A-4-2　2004 年海珠区的生态系统用地现状图

图 A-4-3　2013 年海珠区的生态系统用地现状图

1. 直接经济价值

直接经济价值包括林产品价值和种植业生产价值两方面。林产品价值采用市场价值法评估：

$$F_p = S \cdot E \cdot R \cdot P \cdot C / T \tag{A-4-1}$$

式中　F_p——区域森林生态系统木材价值；

　　　S——林地面积；

　　　E——平均木材价格，取 600 元/m³；

　　　R——综合出材率，取 50%；

　　　P——择伐强度，取 35%；

　　　C——成熟林单位面积蓄积量，取 80m³/hm²；

　　　T——择伐周期，取 10 年。

种植业每公顷价值＝种植业的总产值/全市农作物播种面积。

通过对海珠区这三年的生态系统直接经济价值的数据统计整理❶（表 A-4-2～表 A-4-4），研究发现：2004～2013 年这段时间里其生态系统的直接经济价值有明显的降低。在 2013 年之后，其生态系统的直接经济价值的变化态势则趋于平稳。其中，价值贡献最大的是湿地，其次是森林生态系统、农田生态系统、草地生态系统（图 A-4-4）。

---

❶ 数据取值参考：欧阳志云，王如松，赵景柱. 生态系统服务功能及其生态经济价值评价［J］. 应用生态学报，1999（10）。

2004 年各生态系统直接经济价值统计表　　表 A-4-2

生态系统		面积（hm²）	单位面积价值（元/hm²）	直接经济价值（元）
森林生态系统	灌木林	29.31	840	24620
	经济林（果园）	1658.42	10872	18030342
草地生态系统		16.32	4167	68005
农田生态系统		635.09	10872	6904698
湿地		1773.22	24365	43204505
总计		4112.36	51116	68232172

2013 年各生态系统直接经济价值统计表　　表 A-4-3

生态系统		面积（hm²）	单位面积价值（元/hm²）	直接经济价值（元）
森林生态系统	灌木林	54.5	840	45780
	经济林（果园）	894.4	10872	9723917
草地生态系统		24.6	4167	102508
农田生态系统		338.4	10872	3679085
湿地		1513.2	24365	36869118
总计		2825.1	51116	50420408

规划年末各生态系统直接经济价值统计表　　表 A-4-4

生态系统		面积（hm²）	单位面积价值（元/hm²）	直接经济价值（元）
森林生态系统	灌木林	105.2	840	88368
	经济林（果园）	642.5	10872	6985260
草地生态系统		348.8	4167	1453450
农田生态系统		212.5	10872	2310300
湿地		1636.4	24365	39870886
总计		2945.4	51116	50708264

2. 间接经济价值估算

1）涵养水源价值

以生态系统涵养水源量为基础，使用影子价格法定量评价生态城生态系统涵养水源功能的价值。

涵养水源的单位价值＝每种生态系统的平均持水量×面积×蓄水成本（水库蓄

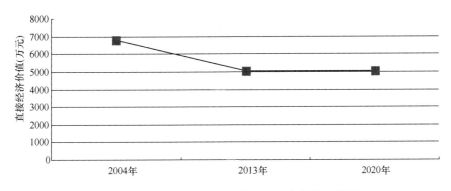

图 A-4-4 海珠区的生态系统直接经济价值变化图

水成本为 0.67 元/t，1990 年不变价）。

通过对海珠区这三年的生态系统涵养水源价值的数据统计整理❶（表 A-4-5～表 A-4-7），研究发现：2004～2013 年这段时间里其生态系统的涵养水源价值有稍微的降低。在规划年末最终回归到将近 100 万元的涵养水源价值线。其中，价值贡献最大的是湿地，其次是森林生态系统、农田生态系统、草地生态系统（图 A-4-5）。

2004 年各生态系统涵养水源价值统计表　　　　　　　表 A-4-5

生态系统		面积（hm²）	平均持水量（t/ hm²）	涵养水源价值（元）
森林生态系统	灌木林	29.31	489.6	9615
	经济林（果园）	1658.42	459.7	510792
草地生态系统		16.32	470.2	5141
农田生态系统		635.09	362.7	154333
湿地		1773.22	534.2	634660
总计		4112.36	2316.4	1314541

2013 年各生态系统涵养水源价值统计表　　　　　　　表 A-4-6

生态系统		面积（hm²）	平均持水量（t/ hm²）	涵养水源价值（元）
森林生态系统	灌木林	54.5	489.6	17878
	经济林（果园）	894.4	459.7	275474
草地生态系统		24.6	470.2	7750
农田生态系统		338.4	362.7	82234
湿地		1513.2	534.2	541595
总计		2825.1	2316.4	924932

---

❶ 数据取值参考：俞继灿，缪绅裕. 广州市白云山风景区森林资源的环境效益价值评估［J］. 广州环境科学，1998（13）。

规划年末各生态系统涵养水源价值统计表　　　　表 A-4-7

生态系统		面积（hm²）	平均持水量（t/ hm²）	涵养水源价值（元）
森林生态系统	灌木林	105.2	489.6	34509
	经济林（果园）	642.5	459.7	197889
草地生态系统		348.8	470.2	109884
农田生态系统		212.5	362.7	51639
湿地		1636.4	534.2	585690
总计		2945.4	2316.4	979612

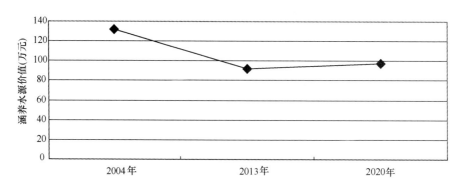

图 A-4-5　海珠区的生态系统涵养水源价值变化图

2）土壤保育价值

运用影子价格法，从保护土壤肥力和减轻泥沙淤积灾害2个方面来评价[1]。

（1）土壤肥力保持价值估算。

降低氮素流失的效益：

$$M_1 = C_1 \cdot E_1 \cdot D \cdot Q_1 \cdot S_1 \qquad (A\text{-}4\text{-}2)$$

式中　M_1——降低氮素流失的效益，元/hm²；

　　　C_1——1×10^{-6}；

　　　E_1——硫酸铵市场价格，500 元/t；

　　　D——土壤保持量，t/hm²；

　　　Q_1——碱解氮折算硫酸铵系数，取 4.808；

　　　S_1——土壤碱解氮平均含量，取 69.34mg/kg。

降低磷素流失的效益：

$$M_2 = C_2 \cdot E_2 \cdot D \cdot Q_2 \cdot S_2 \qquad (A\text{-}4\text{-}3)$$

[1] 数据取值参考：欧阳志云，王如松，赵景柱. 生态系统服务功能及其生态经济价值评价 [J]. 应用生态学报，1999（10）。

式中　M_2——降低磷素流失的效益，元/hm^2；

　　　C_2——1×10^{-6}；

　　　E_2——过磷酸钙市场价格，取 500 元/t；

　　　Q_2——速效磷折算成过磷酸钙的系数，取 5.13；

　　　S_2——土壤速效磷平均含量，取 2.78mg/kg。

降低钾素流失的效益：

$$M_3 = C_3 \cdot E_3 \cdot D \cdot Q_3 \cdot S_3 \qquad \text{(A-4-4)}$$

式中　M_3——降低钾素流失的效益，元/hm^2；

　　　C_3——1×10^{-6}；

　　　E_3——氯化钾市场价格，取 1300 元/t；

　　　Q_3——速效钾折算成氯化钾的系数，取 1.82；

　　　S_3——土壤速效钾平均含量，取 47.64mg/kg。

降低有机质流失效益：

$$M_4 = E_4 \cdot D \cdot S_4 \qquad \text{(A-4-5)}$$

式中　M_4——降低有机质流失效益，元/hm^2；

　　　E_4——有机质的价格，取 53.1 元/t；

　　　S_4——土壤有机质平均含量，取 31g/kg。

通过对海珠区这三年的生态系统土壤肥力保持价值（土壤肥力保持价值即综合了生态系统降低氮素流失效益，降低磷素流失效益，降低钾素流失效益以及降低有机质流失效益这 4 方面的价值）的数据统计整理（表 A-4-8～表 A-4-19），研究发现：2004～2013 年这段时间里其生态系统的土壤肥力保持价值有小幅度的降低。在 2013 年之后，到规划年末，随着湿地与灌木林用地的增加，其生态系统的土壤肥力保持价值有明显的增加趋势。其中，价值贡献最大的是湿地，其次是森林生态系统、农田生态系统、草地生态系统（图 A-4-6）。

2004 年各生态系统降低氮素流失效益统计表　　　　表 A-4-8

生态系统		面积（hm^2）	降低氮素流失的效益（元/hm^2）	降低氮素流失价值（元）
森林生态系统	灌木林	29.31	495.8	14532
	经济林（果园）	1658.42	495.8	822245
草地生态系统		16.32	495.8	8091
农田生态系统		635.09	—	—
湿地		1773.22	495.2	878099
总计		4112.36	1982.6	1722967

2013 年各生态系统降低氮素流失效益统计表　　　　表 A-4-9

生态系统		面积（hm²）	降低氮素流失的效益（元/ hm²）	降低氮素流失价值（元）
森林生态系统	灌木林	54.5	495.8	27021
	经济林（果园）	894.4	495.8	443444
草地生态系统		24.6	495.8	12197
农田生态系统		338.4	—	—
湿地		1513.2	495.2	749337
总计		2825.1	1982.6	1231998

规划年末各生态系统降低氮素流失效益统计表　　　　表 A-4-10

生态系统		面积（hm²）	降低氮素流失的效益（元/ hm²）	降低氮素流失价值（元）
森林生态系统	灌木林	105.2	495.8	52158
	经济林（果园）	642.5	495.8	318552
草地生态系统		348.8	495.8	172935
农田生态系统		212.5	—	—
湿地		1636.4	495.2	810345
总计		2945.4	1982.6	1353990

2004 年各生态系统降低磷素流失效益统计表　　　　表 A-4-11

生态系统		面积（hm²）	降低磷素流失的效益（元/ hm²）	降低磷素流失价值（元）
森林生态系统	灌木林	29.31	21.8	639
	经济林（果园）	1658.42	21.8	36154
草地生态系统		16.32	21.8	356
农田生态系统		635.09	—	—
湿地		1773.22	21.4	37947
总计		4112.36	86.8	75095

2013 年各生态系统降低磷素流失效益统计表　　　　表 A-4-12

生态系统		面积（hm²）	降低磷素流失的效益（元/ hm²）	降低磷素流失价值（元）
森林生态系统	灌木林	54.5	21.8	1188
	经济林（果园）	894.4	21.8	19498
草地生态系统		24.6	21.8	536
农田生态系统		338.4	—	—
湿地		1513.2	21.4	32382
总计		2825.1	86.8	53605

规划年末各生态系统降低磷素流失效益统计表　　　　表 A-4-13

生态系统		面积（hm²）	降低磷素流失的效益（元/hm²）	降低磷素流失价值（元）
森林生态系统	灌木林	105.2	21.8	2293
	经济林（果园）	642.5	21.8	14007
草地生态系统		348.8	21.8	7604
农田生态系统		212.5	—	—
湿地		1636.4	21.4	35019
总计		2945.4	86.8	58923

2004 年各生态系统降低钾素流失效益统计表　　　　表 A-4-14

生态系统		面积（hm²）	降低钾素流失的效益（元/hm²）	降低钾素流失价值（元）
森林生态系统	灌木林	29.31	340.5	9980
	经济林（果园）	1658.42	340.5	564692
草地生态系统		16.32	340.5	5557
农田生态系统		635.09	—	—
湿地		1773.22	340.1	603072
总计		4112.36	1361.6	1183301

2013 年各生态系统降低钾素流失效益统计表　　　　表 A-4-15

生态系统		面积（hm²）	降低钾素流失的效益（元/hm²）	降低钾素流失价值（元）
森林生态系统	灌木林	54.5	340.5	18557
	经济林（果园）	894.4	340.5	304543
草地生态系统		24.6	340.5	8376
农田生态系统		338.4		
湿地		1513.2	340.1	514639
总计		2825.1	1361.6	846116

规划年末各生态系统降低钾素流失效益统计表　　　　表 A-4-16

生态系统		面积（hm²）	降低钾素流失的效益（元/hm²）	降低钾素流失价值（元）
森林生态系统	灌木林	105.2	340.5	35821
	经济林（果园）	642.5	340.5	218771
草地生态系统		348.8	340.5	118766
农田生态系统		212.5		
湿地		1636.4	340.1	556540
总计		2945.4	1361.6	929898

2004 年各生态系统降低有机质流失效益统计表　　　表 A-4-17

生态系统		面积（hm²）	降低有机质流失的效益（元/ hm²）	降低有机质流失价值（元）
森林生态系统	灌木林	29.31	4.9	143.619
	经济林（果园）	1658.42	4.9	8126.258
草地生态系统		16.32	4.9	79.968
农田生态系统		635.09	—	—
湿地		1773.22	4.7	8334.134
总计		4112.36	19.4	16684

2013 年各生态系统降低有机质流失效益统计表　　　表 A-4-18

生态系统		面积（hm²）	降低有机质流失的效益（元/ hm²）	降低有机质流失价值（元）
森林生态系统	灌木林	54.5	4.9	267.05
	经济林（果园）	894.4	4.9	4382.56
草地生态系统		24.6	4.9	120.54
农田生态系统		338.4	—	—
湿地		1513.2	4.7	7112.04
总计		2825.1	19.4	11882

规划年末各生态系统降低有机质流失效益统计表　　　表 A-4-19

生态系统		面积（hm²）	降低有机质流失的效益（元/ hm²）	降低有机质流失价值（元）
森林生态系统	灌木林	105.2	4.9	515.48
	经济林（果园）	642.5	4.9	3148.25
草地生态系统		348.8	4.9	1709.12
农田生态系统		212.5	—	—
湿地		1636.4	4.7	7691.08
总计		2945.4	19.4	13064

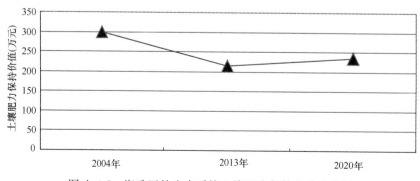

图 A-4-6　海珠区的生态系统土壤肥力保持价值变化图

（2）减轻泥沙淤积价值计算。

按照我国主要流域的泥沙运动规律，全国土壤侵蚀流失的泥沙有 24% 淤积于水库、江河、湖泊。根据蓄水成本来计算生态系统减轻泥沙淤积灾害的经济效益。

$$E_n = 24\% \cdot A_c \cdot C / \rho$$

式中　E_n——减轻泥沙淤积经济效益；

A_c——土壤保持量，t/a；

C——水库工程费用，取 0.75 元/m^3；

ρ——土壤密度。

通过对海珠区这三年的生态系统减轻泥沙淤积价值的数据统计整理[1]（表 A-4-20～表 A-4-22），研究发现：2004～2013 年这段时间里其生态系统的减轻泥沙淤积价值降低。在 2013 年后到规划年末，其价值趋于平稳。其中，价值贡献最大的是湿地，影响最小的是草地生态系统（图 A-4-7）。

2004 年各生态系统减轻泥沙淤积效益统计表　　　表 A-4-20

生态系统		面积（hm^2）	减轻泥沙淤积效益（元/hm^2）	减轻泥沙淤积价值（元）
森林生态系统	灌木林	29.31	61.7	1808
	经济林（果园）	1658.42	61.7	102325
草地生态系统		16.32	61.7	1007
农田生态系统		635.09	61.8	39249
湿地		1773.22	61.6	109230
总计		4112.36	308.5	253619

2013 年各生态系统减轻泥沙淤积效益统计表　　　表 A-4-21

生态系统		面积（hm^2）	减轻泥沙淤积效益（元/hm^2）	减轻泥沙淤积价值（元）
森林生态系统	灌木林	54.5	61.7	3363
	经济林（果园）	894.4	61.7	55184
草地生态系统		24.6	61.7	1518
农田生态系统		338.4	61.8	20913
湿地		1513.2	61.6	93213
总计		2825.1	308.5	174191

---

❶ 数据参考：郭玉文，孙翠玲. 关于森林生态功能评价的探讨［J］. 环境与开发，1997（12）。

规划年末各生态系统减轻泥沙淤积效益统计表　　　　　　　表 A-4-22

生态系统		面积（hm²）	减轻泥沙淤积效益（元/hm²）	减轻泥沙淤积价值（元）
森林生态系统	灌木林	105.2	61.7	6491
	经济林（果园）	642.5	61.7	39642
草地生态系统		348.8	61.7	21521
农田生态系统		212.5	61.8	13133
湿地		1636.4	61.6	100802
总计		2945.4	308.5	181589

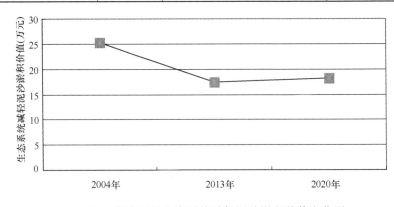

图 A-4-7　海珠区的生态系统减轻泥沙淤积价值变化图

（3）固碳吐氧价值。

利用海珠生态城各类生态系统的净初级生产力数，根据光合作用反应方程式计算出生态城各类生态系统的净初级生产量。

以系统每生产 1.00g 植物干物质能固定 1.63g 二氧化碳为基础，用瑞典税率（40.94 美元/t，其中美元对人民币的汇率按 1：8.23）计算，得到最终的价值。

生态系统每生产 1.00g 干物质能释放 1.20g 氧气。以此为基础，使用工业制氧法（0.4 元/kg），计算释放氧气的总价值，得到最终的价值。

通过对海珠区这三年的生态系统固碳效益的数据统计整理❶（表 A-4-23～表A-4-25），研究发现：2004～2013 年这段时间里，随着经济林的较大面积减少，其生态系统的固碳效益有明显的降低。在 2013 年之后，到规划年末，随着湿地和农田的增加，弥补了经济林地减少而带来的影响，使得其生态系统的固碳效益价值基本持平并一直保持到规划年末年。其中价值贡献最大的是湿地，影响最小的是草地生态系统（图 A-4-8）。

---

❶ 数据参考：徐俏，何孟常，杨志峰，鱼京善，毛显强．广州市生态系统服务功能价值评估［J］．北京师范大学学报，2003（4）。

2004年各生态系统固碳效益统计表　　　　表 A-4-23

生态系统		面积（hm²）	固碳效益（元/hm²）	固碳效益价值（元）
森林生态系统	灌木林	29.31	5674	166305
	经济林（果园）	1658.42	4800	7960416
草地生态系统		16.32	5880	95962
农田生态系统		635.09	4299	2730252
湿地		1773.22	9131	16191272
总计		4112.36	29784	27144206

2013年各生态系统固碳效益统计表　　　　表 A-4-24

生态系统		面积（hm²）	固碳效益（元/hm²）	固碳效益价值（元）
森林生态系统	灌木林	54.5	5674	309233
	经济林（果园）	894.4	4800	4293120
草地生态系统		24.6	5880	144648
农田生态系统		338.4	4299	1454782
湿地		1513.2	9131	13817029
总计		2825.1	29784	20018812

规划年末各生态系统固碳效益统计表　　　　表 A-4-25

生态系统		面积（hm²）	吸收 SO_2 效益（元/hm²）	吸收 SO_2 价值（元）
森林生态系统	灌木林	105.2	97	10204
	经济林（果园）	642.5	97	62323
草地生态系统		348.8	26	9069
农田生态系统		212.5	26	5525
湿地		1636.4	128	209459
总计		2945.4	374	296580

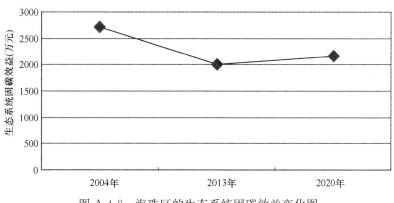

图 A-4-8　海珠区的生态系统固碳效益变化图

通过对海珠区这三年的生态系统释放氧气效益的数据统计整理（表 A-4-26～表 A-4-28），研究发现：2004～2013 年这段时间里其生态系统的释放氧气效益有小幅度的降低。在 2013 年之后，到规划年末，随着湿地和农田的增加，其生态系统的释放氧气效益有一定程度的增加（图 A-4-9）。

2004 年各生态系统释放氧气效益统计表　　　　　　　　表 A-4-26

生态系统		面积（hm²）	释放氧气效益（元/hm²）	释放氧气价值（元）
森林生态系统	灌木林	29.31	5227	153203
	经济林（果园）	1658.42	4416	7323583
草地生态系统		16.32	3955	64546
农田生态系统		635.09	3955	2511781
湿地		1773.22	8400	14895048
总计		4112.36	25953	24948161

2013 年各生态系统释放氧气效益统计表　　　　　　　　表 A-4-27

生态系统		面积（hm²）	释放氧气效益（元/hm²）	释放氧气价值（元）
森林生态系统	灌木林	54.5	5227	284872
	经济林（果园）	894.4	4416	3949670
草地生态系统		24.6	3955	97293
农田生态系统		338.4	3955	1338372
湿地		1513.2	8400	12710880
总计		2825.1	25953	18381087

规划年末各生态系统释放氧气效益统计表　　　　　　　　表 A-4-28

生态系统		面积（hm²）	释放氧气效益（元/hm²）	释放氧气价值（元）
森林生态系统	灌木林	105.2	5227	549880
	经济林（果园）	642.5	4416	2837280
草地生态系统		348.8	3955	1379504
农田生态系统		212.5	3955	840438
湿地		1636.4	8400	13745760
总计		2945.4	25953	19352862

（4）净化空气的价值。

利用已有的生物与周围污染物之间的剂量响应关系，定量评价各个不同生态系统吸收 SO_2 和滞尘 2 项能力，再使用影子工程法和替代花费法将生态系统净化污染物的量价值化。

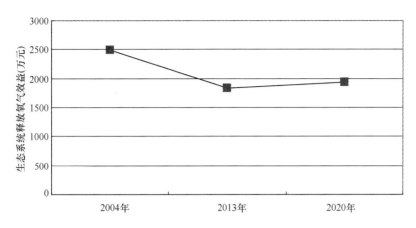

图 A-4-9　海珠区的生态系统释放氧气效益变化图

吸收 SO_2 的价值：

$$V_d = P \cdot A \cdot C_d$$

式中　V_d——生态系统吸收 SO_2 的价值；

　　　P——生态系统对 SO_2 的吸收能力；

　　　A——生态系统的面积；

　　　C_d——削减单位二氧化硫的工程费用，取 1090 元/t 。

利用影子工程法，用工业消减 SO_2 的单位成本乘以 SO_2 的吸收量即可得各生态单元吸收 SO_2 的价值。

滞尘功能价值评估：

运用替代花费法，以消减粉尘的成本来估算每个生态单元的滞尘功能价值：

$$V_d = Q_d \cdot S \cdot C_d$$

式中　V_d——滞尘价值，元/ hm^2；

　　　Q_d——滞尘能力，t/ hm^2；

　　　S——面积，hm^2；

　　　C_d——削减粉尘成本，取 170 元/t 。

通过对海珠区这三年的生态系统吸收 SO_2 效益数据统计整理[1]（表 A-4-29～表 A-4-31），研究发现：2004～2013 年这段时间里，随着经济林的较大面积减少，其生态系统的吸收 SO_2 效益有小幅度的降低。在 2013 年之后，到规划年末，随着湿地和农田的增加，弥补了经济林地减少而带来的影响，使得其生态系统的吸收 SO_2 效益价值基本持平并一直趋于平稳。其中，价值贡献最大的是湿地，影响最小的是草地生态系统（图 A-4-10）。

---

[1] 数据参考：徐俏，何孟常，杨志峰，鱼京善，毛显强. 广州市生态系统服务功能价值评估［J］. 北京师范大学学报，2003（4）。

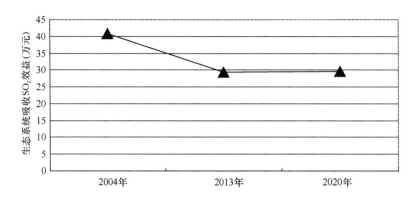

图 A-4-10　海珠区的生态系统吸收 SO_2 效益变化图

2004 年各生态系统吸收 SO_2 效益统计表　　　　　　　表 A-4-29

生态系统		面积 （hm²）	吸收 SO_2 效益 （元/hm²）	吸收 SO_2 价值 （元）
森林生态系统	灌木林	29.31	97	2843
	经济林（果园）	1658.42	97	160867
草地生态系统		16.32	26	424
农田生态系统		635.09	26	16512
湿地		1773.22	128	226972
总计		4112.36	374	407619

2013 年各生态系统吸收 SO_2 效益统计表　　　　　　　表 A-4-30

生态系统		面积 （hm²）	吸收 SO_2 效益 （元/ hm²）	吸收 SO_2 价值 （元）
森林生态系统	灌木林	54.5	97	5287
	经济林（果园）	894.4	97	86757
草地生态系统		24.6	26	640
农田生态系统		338.4	26	8798
湿地		1513.2	128	193690
总计		2825.1	374	295171

规划年末各生态系统吸收 SO_2 效益统计表　　　　　　　表 A-4-31

生态系统		面积 （hm²）	吸收 SO_2 效益 （元/hm²）	吸收 SO_2 价值 （元）
森林生态系统	灌木林	105.2	97	10204
	经济林（果园）	642.5	97	62323
草地生态系统		348.8	26	9069
农田生态系统		212.5	26	5525
湿地		1636.4	128	209459
总计		2945.4	374	296580

通过对海珠区这三年的生态系统滞尘效益的数据统计整理（表 A-4-32～表 A-4-34），研究发现：2004～2013 年这段时间里其生态系统的滞尘效益有明显的降低。在 2013 年之后，到规划年末，随着湿地和农田的增加，其生态系统的滞尘效益有一定程度的增加（图 A-4-11）。

2004 年各生态系统滞尘效益统计表　　　　表 A-4-32

生态系统		面积 （hm²）	滞尘效益 （元/hm²）	滞尘效益价值 （元）
森林生态系统	灌木林	29.31	1719	50384
	经济林（果园）	1658.42	1719	2850824
草地生态系统		16.32	1719	28054
农田生态系统		635.09	1719	1091720
湿地		1773.22	3682	6528996
总计		4112.36	10558	10578174

2013 年各生态系统滞尘效益统计表　　　　表 A-4-33

生态系统		面积 （hm²）	滞尘效益 （元/hm²）	滞尘效益价值 （元）
森林生态系统	灌木林	54.5	1719	93686
	经济林（果园）	894.4	1719	1537474
草地生态系统		24.6	1719	42287
农田生态系统		338.4	1719	581710
湿地		1513.2	3682	5571602
总计		2825.1	10558	7811653

规划年末各生态系统滞尘效益统计表　　　　表 A-4-34

生态系统		面积 （hm²）	滞尘效益 （元/hm²）	滞尘效益价值 （元）
森林生态系统	灌木林	105.2	1719	180839
	经济林（果园）	642.5	1719	1104458
草地生态系统		348.8	1719	599587
农田生态系统		212.5	1719	365288
湿地		1636.4	3682	6025225
总计		2945.4	10558	8173137

（5）文化旅游价值。

2004 年海珠生态城范围内具有休闲旅游游憩价值的重要景点主要包括瀛洲生

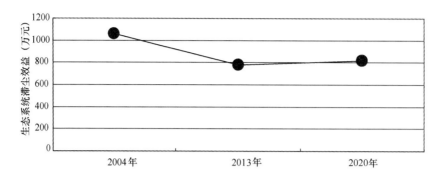

图 A-4-11　海珠区的生态系统滞尘效益变化图

态公园（果林）和上涌果树公园（果林）等生态公园及城市公园；2013 年增加了海珠湖公园（草地）及海珠湿地一期（湿地）；规划期末规划将万亩果园建设成为城市湿地公园，湿地面积占比大量增加。

　　通过对海珠区这三年的生态系统文化旅游效益的数据统计整理❶（表 A-4-35～表A-4-37），研究发现：2004～2013 年这段时间里其生态系统的文化旅游效益有稍微的增加。在 2013 年之后，到规划年末，其生态系统的文化旅游效益有显著的增加（图 A-4-12）。

2004 年各生态系统文化旅游统计表　　　　表 A-4-35

生态系统		面积（hm²）	文化旅游平均收益（元/ hm²）	文化旅游价值（元）
森林生态系统	灌木林	26.8	1132.6	30354
	经济林（果园）	178.8	1132.6	202509
草地生态系统		—	35.4	—
农田生态系统		—	8.8	—
湿地		2.3	4910.9	11293
总计		207.9	—	244156

2013 年各生态系统文化旅游统计表　　　　表 A-4-36

生态系统		面积（hm²）	文化旅游平均收益（元/ hm²）	文化旅游价值（元）
森林生态系统	灌木林	258.9	1132.6	293230
	经济林（果园）	178.8	1132.6	202509
草地生态系统		—	35.4	—
农田生态系统		—	8.8	—
湿地		19.8	4910.9	97218
总计		457.5	—	495736

❶ 数据参考：谢高地，甄霖，鲁春霞，肖玉，陈操．一个基于专家知识的生态系统服务价值化方法［J］．自然资源学报，2008（4）。

规划期末各生态系统文化旅游统计表　　　　　　表 A-4-37

生态系统		面积 （hm²）	文化旅游平均收益 （元/ hm²）	文化旅游价值 （元）
森林生态系统	灌木林	326.8	1132.6	370134
	经济林（果园）	48.3	1132.6	54704
草地生态系统		—	35.4	—
农田生态系统		—	8.8	—
湿地		1511.2	4910.9	7421352
总计		1886.3	—	7846190

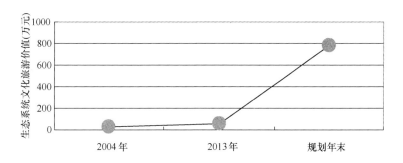

图 A-4-12　海珠区的生态系统文化旅游效益变化图

3. 生态系统服务功能价值（表 A-4-38～表 A-4-40，图 A-4-13）

$$V_t = \Sigma V_i S_i$$

式中　V_t——城市生态系统服务功能总价值，万元；

　　　V_i——第 i 种类型生态系统的服务功能单位价值，元/hm²；

　　　S_i——第 i 种类型生态系统的总面积，hm²。

2004 年海珠生态城 GEP 总体评价（单位：元）　　　表 A-4-38

生态系统类型		直接经济价值	涵养水源价值	土壤肥力保持价值	减轻泥沙淤积价值	固碳效益	释放氧气效益	吸收SO₂效益	滞尘	文化旅游	总价值
森林生态系统	灌木林	24620	9615	25295	1808	166305	153203	2843	50384	30354	492623
	经济林（果园）	18030342	510792	1431216	102325	7960416	7323583	160867	2850824	202509	38572874
草地生态系统		68005	5141	14084	1007	95962	64546	424	28054	—	277223
农田生态系统		6904698	154333	—	39249	2730252	2511781	16512	1091720	—	13448545
湿地		43204505	634660	1527452	109230	16191272	14895048	226972	6528996	11293	83329428
总计		68232170	1314541	2998047	253619	27144207	24948161	407618	10578174	244156	136120693

2013 年海珠生态城 GEP 总体评价（单位：元）　　　　　　表 A-4-39

生态系统类型		直接经济价值	涵养水源价值	土壤肥力保持价值	减轻泥沙淤积价值	固碳效益	释放氧气效益	吸收 SO_2 效益	滞尘	文化旅游	总价值
森林生态系统	灌木林	45780	17878	47034	3363	309233	284872	5287	93686	293230	1085255
	经济林（果园）	9723917	275474	771867	55184	4293120	3949670	86757	1537474	202509	20895973
草地生态系统		102508	7750	21230	1518	144648	97293	640	42287	—	417874
农田生态系统		3679085	82234	—	20913	1454782	1338372	8798	581710	—	7165894
湿地		36869118	541595	1303470	93213	13817029	12710880	193690	5571602	97218	71197816
总计		50420408	924932	2143601	174191	20018812	18381087	295171	7811653	592957	100762811

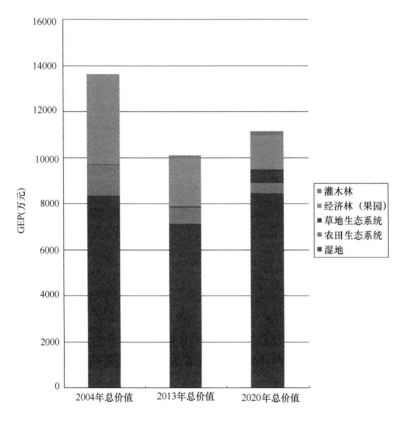

图 A-4-13　海珠区三年的 GEP 总体变化图

规划年末海珠生态城 **GEP** 总体评价（单位：元）　　表 A-4-40

生态系统类型		直接经济价值	涵养水源价值	土壤肥力保持价值	减轻泥沙淤积价值	固碳效益	释放氧气效益	吸收SO₂效益	滞尘	文化旅游价值	总价值
森林生态系统	灌木林	88368	34509	90788	6491	596905	549880	10204	78580	180839	1825859
	经济林（果园）	6985260	197889	554478	39642	3084000	2837280	62323	1104458	54704	14920034
草地生态系统		1453450	109884	301014	21521	2050944	1379504	9069	599587	—	5924973
农田生态系统		2310300	51639	—	13133	913538	840438	5525	365288	—	4499861
湿地		39870886	585690	1409595	100802	14941968	13745760	209459	6025225	7421352	84310737
总计		50708264	979611	2355875	181589	21587355	19352862	296580	8173138	7846190	111481464

A.4.2　评价结果

通过对海珠生态城各生态系统在 2004 年、2013 年以及规划年末 2020 年的时间维度上的对比研究（表 A-4-41、表 A-4-42）。研究结果如下：

海珠生态城三年中的生态系统服务功能总价值统计表（单位：元）　表 A-4-41

生态系统类型		2004 年总价值	2013 年总价值	规划年末总价值
森林生态系统	灌木林	492623	1085255	1825859
	经济林（果园）	38572874	20895973	14920034
草地生态系统		277223	417874	5924973
农田生态系统		13448545	7165894	4499861
湿地		83329428	71197816	84310737
总计		136120693	100762811	111481464

海珠生态城三年中的生态系统各项服务功能价值统计表（单位：元）表 A-4-42

	直接经济价值	涵养水源价值	土壤肥力保持价值	减轻泥沙淤积价值	固碳效益	释放氧气效益	吸收SO₂效益	滞尘	文化旅游	总价值
2004 年	68232170	1314541	2998047	253619	27144207	24948161	407618	10578174	244156	136120693
2013 年	50420408	924932	2143601	174191	20018812	18381087	295171	7811653	592957	100762811
规划年末	50708264	979611	2355875	181589	21587355	19352862	296580	8173138	7846190	111481464

（1）2004～2013 年，由于城市建设的需要，很大一部分生态用地（1287hm²）被转化为城市建设用地，海珠生态城生态系统服务功能的总价值呈逐年下降的趋

势；2013年至规划期末，由于万亩果园由经济林生态系统逐步建成为湿地生态系统，部分旧厂房、旧村庄用地置换成为城市绿地，且由于海珠区重视文化建设，全区文化旅游价值亦随之增加，因此总生态服务功能价值显著增加；

其中价值最大的为湿地，其后依次为经济林（果园）、灌木林、农田和草地。

从森林生态系统来看，海珠生态城的灌木林服务功能总价值逐年增加，而经济林（果园）的服务功能总价值则逐年下滑；

从草地生态系统来看，海珠生态城的服务功能总价值呈逐年急速上升趋势；

从农田生态系统来看，海珠生态城的服务功能总价值呈逐年递减的态势；

从湿地来看，2004~2013年其服务功能总价值呈逐年递减的态势，2013至规划期末呈逐年递增趋势。

（2）如果考虑到系统的直接经济价值和间接经济价值，海珠区生态系统服务功能单位面积价值排序为：湿地＞经济林（果园）＞灌木林＞农田＞草地。湿地的生态功能价值占生态系统总价值的69%~71%。这是因为湿地包括了沼泽、水库、池塘等一切水面，这样湿地的价值不仅含有其本身巨大的生态服务价值还要包括其水产品的价值，万亩果园未来的建设应着重考虑果林和湿地之间的互相转化。

（3）经济林由于包括果园和茶园，所以其直接的农产品的价值也很大，农田生态系统每年通过生产出粮食、蔬菜、药材等也会创造出一定的经济价值（是灌木林产值的9.12倍）；由于近几年加强了对林地的保护，禁止滥砍滥伐，所以其创造出的林产品价值相对来说并不是很大。

（4）如果只考虑系统的生态服务价值（即不考虑物质产品价值），海珠生态城生态系统服务功能的单位面积价值排序为：湿地＞灌木林＞经济林（果园）＞草地＞农田。这说明单纯从生态服务的角度来看，湿地是最值得重视和保护的。

（5）规划期末生态服务功能总价值构成相比2004年或2013年的生态服务功能总价值更多元化，结构也趋于平衡，说明从GEP构成的角度评价，规划后的生态城用地结构相比之前更显合理。

（6）所有的自然生态系统类型的固碳和释放氧气价值都是相对较大的（固碳和释放氧气价值占总价值的18%~20%），其次是滞尘功能价值。空气污染是广州市的主要环境问题之一，而海珠生态城的万亩果园作为广州市的绿心，对广州市的生态环境维系和改善有着重要的作用，所以应加大保护其绿化面积，搞好海珠生态城的绿化工作，对于海珠生态城具有特别重要的意义。

（7）随着万亩果园功能向湿地旅游公园转变，生态系统的文化旅游服务价值不断的提升，至规划期末已占生态城总生态系统服务功能总价值的7.05%，成为整个生态城生态系统服务功能总价值变化的主要动力和来源之一。

附录 B
特殊指标专项研究（二）——公园绿地可达性

B.1 概念内涵

公园绿地可达性指城市居民到达公园绿地的难易程度，反映可供居民游憩的城市绿地分布的合理性。该值是一个综合评价指标，能有效反映出公园绿地斑块的总量及布局的合理性。

城市中的公园不仅具有生态效益、经济效益，同时供市民休闲娱乐，提高生活质量和城市的宜居性。在城市建成区中，公园斑块绿地布局的越合理，利用效率越高，土地利用越集约，也可避免新增建设用地过度集中。因此，对公园绿地可达性评价是考察生态宜居的重要指标。

根据《城市绿地分类标准》（CJJ/T 85—2002），城市绿地可分为公园绿地、生产绿地、防护绿地、附属绿地和其他绿地。由于公园绿地具有多方面的价值，在评估指标的选取时，特别提出来作为重点评估对象。公园绿地的价值可具有生态、社会、经济三方面效益：生态效益方面，具有净化空间、监测大气污染、减弱噪声、改善小气候、涵养水源、净化水质、保护生物多样性等功能；社会效益方面，具有改善城市景观格局、美化城市景观、陶冶生活情操、增强城市生活情趣等功能；经济效益方面具有直接与间接多层效益。

此外，《生态城市建设环境绩效评估研究》课题研究组在确定评估范围时，从创新角度出发，把生态公园和高校校园也纳入公园绿地的研究对象。因为该指标最根本目的是反映生态环境的改善对城市人居环境的影响，而现行的绿地分类标准是以其主要功能进行划分，不能全面代表生态绿地多方面的效用。因此在评估时，一切开放的可供居民游憩的生态绿地都可被纳入公园绿地可达性指标的评估范围（图B-1-1）。

在对公园绿地的传统研究中，一般只反映公园绿地的总量占总用地的比例，或

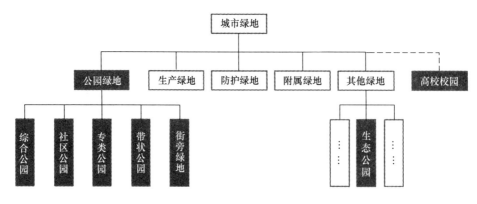

图 B-1-1 研究对象体系图

公园绿地的人均占有量。

在《2013 年中国国土绿化状况公报》中，全国城市建成区绿化覆盖率、绿地率分别达 39.59％和 35.72％，城市人均公园绿地面积 12.26m^2。其中，北京市人均公园绿地面积达到 16.0m^2，上海市则为 12.4m^2，在世界主要城市中分别排名第 8 与第 10（图 B-1-2）。

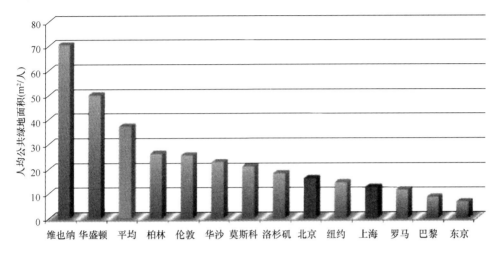

图 B-1-2　世界主要城市人均公共绿地面积

自 20 世纪 80 年代以来，中国一直以 3 项指标来指导城市绿地系统建设：城市人均公共（园）绿地面积、绿化覆盖率、绿地率。虽然这 3 项指标指向不同，又有所重叠，但在关于绿地的认定上，最严格的要数城市人均公共（园）绿地面积指标，该指标已经成为国内目前的主要衡量标准。

但是，从绿地布局上看，中国的城市公共绿地大多远离居民社区，而且分布极不均衡。绿地多集中在开发成本低的新城区，而老城区的绿地不仅少，大多还集中设置，居民需要跑远路去逛公园。而国外的大城市，如东京，虽然人均公园绿地面积不如北京、上海，但城市遍布着无数社区公园，稍走几步就可以看到一块绿地。

人均公园绿地面积、绿化覆盖率和城市绿地率 3 大传统评价指标与居民真实感受间的反差，主要源于评价指标选取的不合理。传统评价指标只表达了公园绿地的人均拥有量及在评价片区中的总体用地结构的构成，忽略了公园绿地的分布格局对使用效果的影响，因而不能反映公园绿地资源的真正效用和社会公平性。沿用这类方法，将不能充分反映能与人们感受相一致的城市生态建设所带来的环境绩效变化。

因此，把可达性概念引入对公园绿地的评价，可真正反映资源的可利用程度，暗含了对公园绿地总量与布局的综合评价，真正反映出土地集约利用价值的环境绩效。

B.2 评价方法

B.2.1 方法与原理

可达性概念首先出现在交通运输研究领域，是指利用一种特定的交通系统从某一给定区位到达活动地点的便利程度。可以用交通时间、成本、目的地获得的机会数量和起点与目标点之间的吸引能力来表示。

关于公园绿地可达性，学者提出了多种不同的评价方法，包括统计分析法、缓冲区分析法、最小临近距离法、引力势能模型法、费用加权距离法、网络分析法等，表 B-2-1 中对这几种公园绿地可达性的评价方法进行了分类比较。各种方法各有利弊，综合考虑结论的科学性与数据资料获取的难易程度，选择目前应用较广，方法较成熟，对资源的空间利用效用反映较真实的费用加权距离法作具体阐释。

可达性评价方法分类比较   表 B-2-1

研究方法分类	研究原理和方法	研究特点	
		优点	缺点
统计指标法	通过统计特定区域内公园的数量、面积、公园面积比、人均公园面积等指标来评价	数据获取方便，计算方法简单，易于掌握和操作，结果便于解释和理解，适宜于横向和纵向比较	①会因区域界线划分的方式或基数面积的大小变化而有很大的差异；②认为区域内的公园仅为该区市民服务，不能准确衡量公园对市民的使用情况；③没有考虑到公园的空间分布和进入公园过程中的障碍，并不能真实地反映公园的服务情况
缓冲区分析法	以点、线、面实体为基础，自动建立其周围一定宽度范围内的缓冲区多边形图层，然后建立该图层与目标图层的叠加，进行分析而得到所需结果	综合了公园的服务半径和空间位置，将公园的空间位置关系纳入到可达性的计算过程中，能够区分公园的服务区和非服务区	①以直线衡量服务半径，缺乏对市民享有公园绿地的公平性与有效性评价；②认为城市公园绿地边界都为公园可进入点，易高估城市公园绿地的可达性
最小临近距离法	将居民出发地和城市公园绿地抽象为点，计算点之间的最短直线的欧式距离来表达市民对城市公园绿地的可达性	形象直观，易于大众理解和计算实现，且计算过程中不需任何参数，多应用于城市公园绿地服务公平性研究	没有考虑绿地本身特征对可达性的影响，所采用的欧式距离与居民的实现先进距离仍存在较大的差异

续表

研究方法分类	研究原理和方法	研究特点	
		优点	缺点
引力势能模型法	基于牛顿万有引力定律，认为公园对市民服务潜力随着到达公园的阻力的增加而减少，随城市公园绿地服务能力和市民需求的增加而增加	考虑了公园服务能力和潜力，对可达性的分析全面透彻，能够较好反映出公园吸引力对可达性的影响	因建模方法各不相同，模型较复杂，计算结果的含义不同，且多无量纲，较难解释和直观判读
费用加权距离法	以栅格数据为基础，通过最短路径搜索算法计算到达公园的累计阻力（距离、时间、费用等）来评价城市公园绿地的可达性，对景观分类，而后赋以不同的相对穿越阻力，进而计算各点到达公园的累计阻力	能够真实地反映交通成本，便于不同规划方案之间的比较	对服务人口分布、不同等级绿地吸引力等因素考虑不足，对某一区域居民获得绿地生态系统服务的机会的分析结果仍存在一定片面性
网络分析法	可称作基于道路网络的费用加权距离法的矢量版或综合了进入公园过程中的障碍的缓冲区法，计算按照某种交通方式（步行、自行车、公交车或自驾车）以道路网络为基础城市公园绿地在某一阻力值下的覆盖范围	以进入公园的实际入口更准确地反映市民进入公园这一过程，克服了直线距离不能识别可达过程中的障碍和费用加权距离法通过对分类城市景观赋以相对阻力所产生的阻力衡量误差。计算过程基于矢量数据，克服了费用加权距离法由于栅格数据所产生的粒度效应	依赖于完备的道路网络数据，但这些数据可获得性较差

　　费用加权距离法的基本原理是：如果不考虑空间上的阻力分布差异，则平面上两点间直线距离最短，到达的代价最小，单一源地的可达性指标呈同心圆状分布（图 B-2-1）。

　　我们知道从源地到目的地的路径有很多条，但各条路径克服的阻力是不同的，为了简单起见选择了 A、B、C3 条路径，分别计算其阻力值 $Acc(A)$、$Acc(B)$ 和 $Acc(C)$（图 B-2-2）。

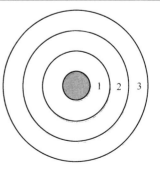

图 B-2-1　单一源的可达性分布

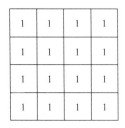 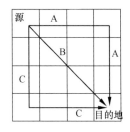

图 B-2-2　假设阻力均匀分布图与过程路径分布图

由阻力分布图及路径分布图 B-2-2 可以得出：

路径 A 的阻力为：$Acc(A)=1/2+1+1+1/2×2+1+1+1/2=6$

路径 B 的阻力为：$Acc(B)=\sqrt{2}×1/2+\sqrt{2}+\sqrt{2}+\sqrt{2}×1/2=3\sqrt{2}=4.242$

路径 C 的阻力为：$Acc(C)=1/2+1+1+1/2×2+1+1+1/2=6$

从以上的简单计算可以得出，源地到目的地的直线路径 B 代价最小，可达性最好。空间阻力无差异分布只是一种理想的假设，在现实世界中，往往是不可能出现的，由于各种因素的影响，阻力分布的空间分布是有差异的。因此，用以计算可达性的空间路径往往也不是一条直线（图 B-2-3）：

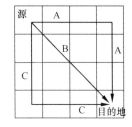

图 B-2-3　假设异象阻力分布图与过程路径分布图

从源地到目的地，同样选择了 A、B、C3 条路径，从图 B-2-3 可以算出 3 条路径的阻力累计值 $Acc(A)$、$Acc(B)$、$Acc(C)$ 如下：

路径 A 的阻力为：$Acc(A)=1/2+3+5+0.5×1/2×2+4+3+4×1/2=18$

路径 B 的阻力为：$Acc(B)=\sqrt{2}×1/2+4.5×\sqrt{2}+5×\sqrt{2}+4×\sqrt{2}×1/2=12\sqrt{2}=16.968$

路径 C 的阻力为：$Acc(C)=1/2+2+2+1/2×2+2+12+4×1/2=11$

从以上可以得出，C 路径阻力累计值最小，如果没有比其阻力更小的路径，那么 C 路径的阻力累计值是该源相对于该目的地的可达性衡量值。

B.2.2　限定条件

可达性分析可对机动车、步行等不同的交通方式作分析，考虑到公园绿地最直接的效用，选择以步行作为度量标准。

对于高校校园的选择，考虑到规模效应，可选择拥有 400m 跑道的校园作为评估对象。

以公园绿地的用地边界作为可达性评价的路径终点。实际中并非所有的公园都是与城市空间完全交融的，因其自身管理需要，可能有围墙、栏杆等障碍物。因此，对可达性的计算，严格来讲应以公园绿地的入口作为终点。但考虑到对于公园绿地入口数据的普查量过大，本次评估暂且近似以公园绿地的用地边界为路径终点；更精准的统计计算可待数据充分后深化。

近似认为评估范围内全体人口均匀分布在所有居住用地上。因此，评估居住用地的可达性分级覆盖情况，即可了解公园绿地对城市居民的服务情况。

B.2.3　操作过程

（1）把评估片区在 GIS 软件中栅格为 10m×10m 的空间矩阵。

（2）依据矩阵方格所在用地的用地类型，赋予不同的相对阻力值，参考相对成熟的取值方式进行赋值（表 B-2-2）。

不同用地类型的空间相对阻力值　　　　　表 B-2-2

用地类型	相对阻力	用地类型	相对阻力
道路用地	1	商业用地	100
居住用地	3	工业用地	100
绿地	4	水域	999
公共设施用地	100	其他用地	100

（3）在 GIS 软件中计算出距最近的公园绿地阻力值分布图。

（4）以步行平均速度 5km/h，把阻力值分布图转化为时间分布图，并划分为 0～5min、5～15min、15～30min、30～60min、大于 60min 5 个时间距离级别。

（5）把 5 种时间距离级别与居住用地进行叠合，换算出不同时间级别下所覆盖的居住区比例。

B.3　案例应用

以海珠生态城为例，详细阐述公园绿地可达性指标的计算过程，以供参考。根据海珠生态城所获得的资料，评估选择 2006 年、2008 年、2010 年、2013 年 4 个时期的公园绿地作比较。

B.3.1　公园绿地布局分析

从公园绿地布局比较可看出（图 B-3-1），2006 年城市公园绿地极少，仅少量

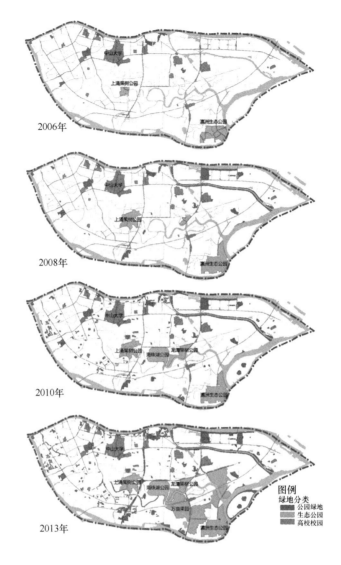

图 B-3-1　4 个时期海珠区城市公园绿地分布

分布在海珠区的西北部。2008 年，城市公园绿地在总量上有所增加，在格局上也更加均衡，黄埔涌绿带公园、会展公园、琶洲公园等一系列城市公园逐渐形成，城市的人居环境有所提升。2010 年，一系列的社区公园逐渐育成，公园绿地总量明显增加，海珠湖公园也初步建成开放。2013 年，随着海珠湖公园、万亩果园等大型城市绿地的建成开放，带动其他城市绿地的建设，社区公园、带状公园、街旁绿地等公园绿地进一步育成，海珠生态城的公园绿地格局初成，城市的人居环境有了较大的提升。

总体来说，公园绿地的总量在快速增加，从 2006 年的 0.541km² 增加到 2013 年的 4.661km²，增幅约 8.6 倍；对市民开放的生态公园总量大、增长快，从 2006 年的 1.378km² 增加到 2013 年的 8.933km²，增幅约 6.5 倍（表 B-3-1、图 B-3-2）。

4 个时期公园绿地分类统计　　　　　　表 B-3-1

绿地分类	绿地面积（km²）			
	2006 年	2008 年	2010 年	2013 年
公园绿地	0.541	2.178	3.096	4.661
生态公园	1.378	2.695	4.268	8.933
高校校园	2.492	2.492	2.478	2.454

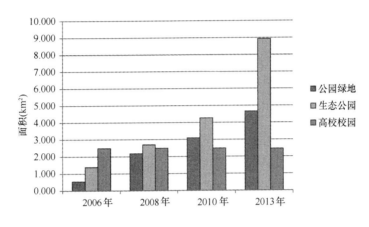

图 B-3-2　4 个时期公园绿地分类对比

B.3.2　费用阻力分析

在获得城市公园绿地布局的基础上，结合整体城市用地布局，依照相关研究中得出的各类用地的空间费用阻力值进行赋值。可以看出（图 B-3-3），虽然海珠区的公园绿地已大为增加，但可达性仍未同步改善，空间阻力较低的仍是西部区域，围绕大型生态公园空间阻力并未明显降低，可证明这些大型生态公园未被充分利用。这些原本是农业生产用地的绿地为生态公园提供良好的基础，经过整改即可转变为供市民游憩的生态公园，使公园绿地总量大幅增加，但外部物质空间的建设不可能如此简单高效。可预期随着海珠生态城规划的逐步落实，物质空间逐渐匹配，生态价值逐步发挥，这些片区的空间阻力将会逐渐降低。

B.3.3　可达时间分布

依据空间费用阻力计算出实际的可达性成本，结合评估单元的空间分割尺度换算为可衡量的步行可达时间。从结果可以看出，由于公园绿地的分布较为合理（图 B-3-4），整体的公园绿地可达性有了一定提高。西片区的公园绿地数量增加，可达性增强，并且从可达性来看，已具备随路网串联成城市公园绿地生态网络的趋势。东片区随着路网骨架的拉开，可达性也有所增强，但未来更应注意城市功能的同步

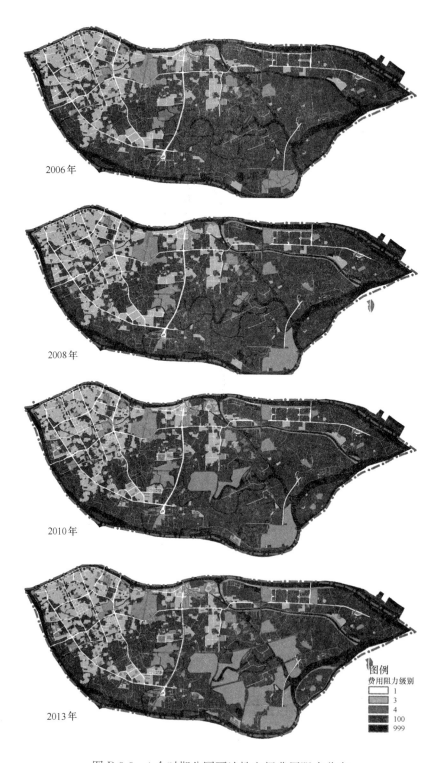

图 B-3-3　4 个时期公园可达性空间费用阻力分布

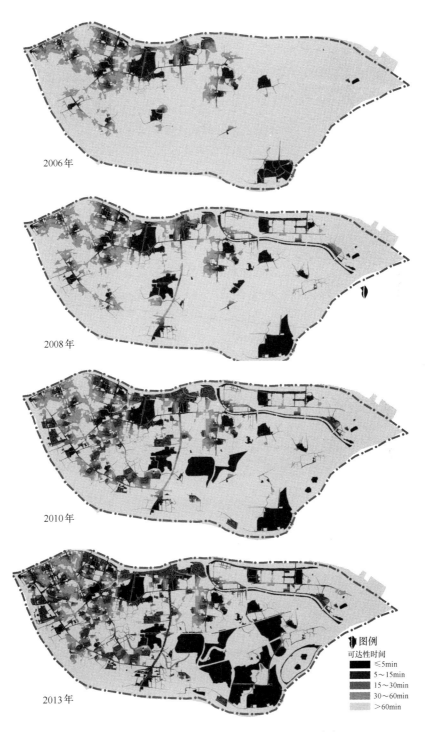

图 B-3-4 4 个时期城市公园绿地可达性时间分布

注入，使城市公园绿地的生态人居价值得以发挥。

从具体数据更可看出（表 B-3-2、图 B-3-5），可达性有了明显的提升。对于可达性时间少于 15min 的区域，从 2006 年的 7.1%，上升到 2013 年的 26.1%，增幅达 2.7 倍；同比可达性时间大于 60min 的区域，从 2006 年的 83.3% 下降为 59.9%。由此证明，随着生态城的建设，生态人居环境确实有了明显的改善；随着未来生态城建设的推进，这种改善趋势将会更加明显。

4 个时期城市空间可达性时间对比 表 B-3-2

时间梯度	覆盖范围百分比			
	2006 年	2008 年	2010 年	2013 年
≤5min	5.64%	9.27%	13.01%	21.03%
5~15min	1.43%	1.85%	4.08%	5.13%
15~30min	3.15%	4.17%	5.99%	7.46%
30~60min	6.48%	7.97%	7.49%	6.49%
>60min	83.30%	76.74%	69.43%	59.90%

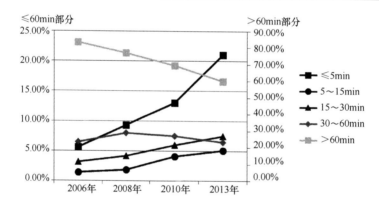

图 B-3-5　4 个时期城市空间可达性时间对比

B.3.4　居住区可达性覆盖

对于居住区可达性的情况，生态宜居度的提高更加明显（图 B-3-6）。2006 年与 2008 年的情况对比没有明显的变化。然而到了 2010 年及至 2013 年，随着社区公园、带状绿地、街头绿地等分散而小型的城市绿地逐步完善，同时与城市居住区布局有机结合，城市居民到达公园绿地的整体可达性有了明显的提升；另一方面大型城市生态公园逐步开放，人居环境有了极大的改善。从具体数据上看（表 B-3-3、图 B-3-7），可达性小于 15min 区域从 2006 年的 9.18% 上升到 2013 年的 42.17，增幅高达 3.6 倍；可达性大于 60min 的区域则从 2006 年的 46.52% 下降至 2013 年的 5.06%，降幅达到 41.46%。这充分证明了较之公园绿地总量的增加，合理的分布更能提升城市人居环境，发挥出公园绿地应有的价值。但应看到，目前的公园绿地从数量上来讲，大都集

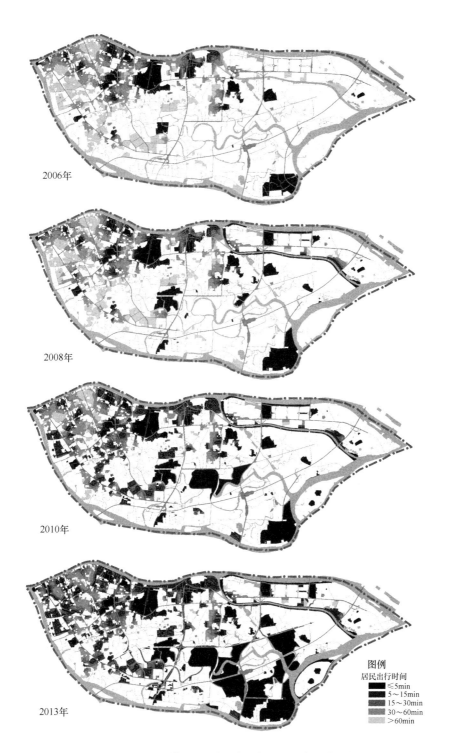

图 B-3-6　4 个时期居民到达公园绿地可达性时间对比

中在海珠区西部，与居住用地相契合，而东部虽然开放了大片的生态公园，但城市建设没有同步推进，对当地的辐射作用较小。这证明了城市功能格局的均衡也至关重要，适度合理地开发东部区域才能使得城市更加生态宜居。

4 个时期居住区可达性时间对比 表 B-3-3

时间梯度	覆盖范围百分比			
	2006 年	2008 年	2010 年	2013 年
≤5min	2.46%	2.86%	14.80%	16.75%
5～15min	6.54%	7.68%	19.89%	25.42%
15～30min	14.01%	16.33%	24.91%	30.43%
30～60min	30.46%	34.15%	28.37%	22.35%
>60min	46.52%	38.98%	12.03%	5.06%

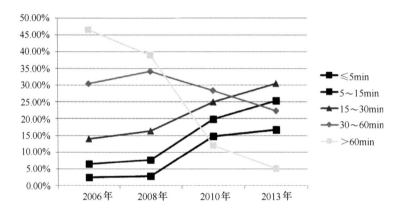

图 B-3-7　4 个时期居民到达公园绿地可达性时间对比

B.3.5　规划预评估

以同样的方法对规划中的公园绿地可达性进行预先评估，从而了解未来发展的预期效果，并为规划提出可能的调整意见。

评估底图采用海珠生态城控制性详细规划、琶洲片区控制性详细规划与海珠区其他片区的控制性详细规划的拼合图（图 B-3-8）。

图 B-3-8　规划中海珠区城市公园绿地分布

规划中海珠区的公园绿地总量增加，分布更为合理。其中，公园绿地增长较多，达到7.25km²，生态公园由于有部分调整为公园绿地而略为下降，高校校园也有了一定的增长（表B-3-4）。

规划与现状海珠区城市公园绿地对比 表 B-3-4

绿地分类	绿地面积（km²）				
	2006 年	2008 年	2010 年	2013 年	规划
公园绿地	0.541	2.178	3.096	4.661	7.25
生态公园	1.378	2.695	4.268	8.933	7.35
高校校园	2.492	2.492	2.478	2.454	2.67
总量	4.411	7.365	9.842	16.048	17.27

随着城市用地布局的合理化，规划中的空间费用阻力分布较优，大部分地区都处于低费用阻力的状态（图B-3-9）。

图 B-3-9 规划中城市公园空间费用阻力级别

规划中的公园绿地可达性分布也有进一步提升，主要是5～30min出行时间覆盖的区域大幅增加，从2013年时的12.59%增加到规划中的32.14%；相应大于60min出行时间覆盖的区域大幅降低，从2013年时的59.9%下降至规划中的32.64%（图B-3-10、表B-3-5）。

规划与现状城市公园绿地可达性时间对比 表 B-3-5

时间梯度	覆盖范围百分比				
	2006 年	2008 年	2010 年	2013 年	规划
≤5min	5.64%	9.27%	13.01%	21.03%	28.61%
5～15min	1.43%	1.85%	4.08%	5.13%	15.34%
15～30min	3.15%	4.17%	5.99%	7.46%	16.80%
30～60min	6.48%	7.97%	7.49%	6.49%	6.61%
>60min	83.30%	76.74%	69.43%	59.90%	32.64%

图 B-3-10　规划中城市公园绿地可达性时间分布

从具体居住区覆盖情况来看，情况亦有更加明显的提升（图 B-3-11、表 B-3-6），出行时间小于 30min 的居住区，从 2013 年时的 72.6％上升至规划中的 86.66％，即大部分的居住区到达公园绿地的出行时间都不超过 30min。但是出行时间小于 5min 的居住区从 2013 年时的 16.75％下降至规划时的 7.99％，原因是规划中新增了大量居住区，但未对小而分散的社区公园、街旁绿地等作出详细的安排，因而短出行时间区域有所降低。

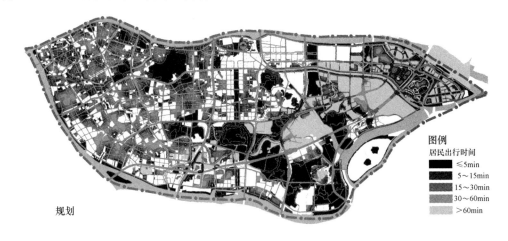

图 B-3-11　规划中居民到达公园绿地可达性时间

规划中居民到达公园绿地可达性时间　　　　　　　　　　　　　表 B-3-6

时间梯度	覆盖范围百分比				
	2006 年	2008 年	2010 年	2013 年	规划
≤5min	2.46％	2.86％	14.80％	16.75％	7.99％
5～15min	6.54％	7.68％	19.89％	25.42％	34.45％
15～30min	14.01％	16.33％	24.91％	30.43％	44.22％
30～60min	30.46％	34.15％	28.37％	22.35％	10.88％
＞60min	46.52％	38.98％	12.03％	5.06％	2.46％

　　以上阐述了海珠生态城公园绿地可达性指标的计算过程，总体评价结果和建议可参看本指南第 9 章的相应评估内容。

　　在实际应用时，还可结合实地勘测与问卷调查，对评估过程进行修正，从而得出更准确更贴合实际的空间费用阻力；同时，还可搜集更多年份的数据进行分析，从而了解城市公园绿地的变化动态与趋势。

B. 4　总结

　　公园绿地可达性从生态宜居的角度对土地集约节约利用进行了评价。上述评价证明了该方法能真实直观地反映公园绿地的效用及建设改善的成效，是对土地利用的环境绩效评估非常有效的关键性评价指标。

参 考 文 献

[1] 蔡云楠，肖荣波，艾勇军，李晓晖．城市生态用地评价与规划[M]．北京：科学出版社，2014．

[2] 曹东．国外开展环境绩效评估的情况及对我国的启示[J]．价值工程，2008，27(10)：7-12．

[3] 陈慧敏，仵彦卿．地下水污染修复技术的研究进展[J]．净水技术，2010，29(6)：5-8．

[4] 傅晓艺．中国省际资源环境绩效评估及影响因素研究[D]．硕士学位论文，厦门大学，2014．

[5] 郜慧，余国忠，张祥耀．污染地下水的生物修复[J]．河南化工，2007，24(3)：11-15．

[6] 郭亚军．由时序立体数据表支持的动态综合评价方法[J]．东北大学学报，2001，22(4)：464-467．

[7] 胡习英，李海华．城市生态环境评价指标体系与评价模型研究[J]．河南农业大学学报，2006，40(3)：270-273．

[8] 焦舰，包延慧．国内外生态城(镇)比较与分析[M]．北京：中国建筑工业出版社，2013．

[9] 经济合作与发展组织．OECD系列报告——经济合作与发展组织经济调查[M]．北京：国家行政学院出版社，2013．

[10] 李凯丽．环境绩效指数的编制方法、经验及借鉴[D]．大连：东北财经大学，2010．

[11] 李彤．生态环境评价国内外研究综述[C]．2010 International Conference on Remote Sensing(ICRS)，2010．

[12] 李文清．基于ISO 14031的玉清湖水库环境绩效评估研究[D]．济南：山东大学，2008．

[13] 马慧．城市环境与城市生态问题的思考[J]．今日科苑，2008(20)．

[14] 马世骏，王如松．社会—经济—自然复合生态系统[J]．生态学报，1984，4(1)：1-9．

[15] 梅雪芹．工业革命以来西方主要国家环境污染与治理的历史考察[J]．世界历史，2000(06)：19-28．

[16] 欧阳志云，王如松，赵景柱．生态系统服务功能及其生态经济价值评价[J]．应用生态学报，1999，10(5)：635-640．

[17] 王青．国外生态城市建设的模式、经验及启示[J]．青岛科技大学学报(社会科学版)，2009，25(1)．

[18] 王再岚．陕西省资源环境绩效的定量分析[J]．延安大学学报(自然科学版)，2009，28(04)：89-94．

[19] 谢高地，鲁春霞，冷允等．青藏高原生态资产的价值评估[J]．自然资源学报，2003，18(2)：189-196．

[20] 谢高地，张钇锂，鲁春霞，郑度，成升魁．中国自然草地生态系统服务价值[J]．自然资源学报，2001，16(1)：47-53．

[21] 谢高地，甄琳，鲁春霞．一个基于专家知识的生态系统服务价值化方法[J]．自然资源学

报，2008，23(5)：911-919.

[22] 许涤新．马克思与生态经济学——纪念马克思逝世一百周年[J]．社会科学战线，1983(3)：50-58.

[23] 杨尊伟．卧虎山水库环境绩效评估研究[D]．硕士学位论文，山东大学，2006.

[24] 殷克东，赵昕，薛俊波．基于PSR模型的可持续发展研究[J]．软科学，2002，16(5)：62-66.

[25] 苑兴朴．浅析城市生态环境问题[J]．黑龙江科技信息，2008(22).

[26] 张泽玉，王金山．ISO14031在调水工程环境管理中的应用研究[J]．南水北调与水利科技，2008，6(1)：337-342.

[27] 赵绘宇，姜琴琴．美国环境影响评价制度40年纵览及评介[J]．当代法学(双月刊)，2010，24(01)：133-143.

[28] 赵士洞，张永民．生态系统评估的概念、内涵及挑战——介绍《生态系统与人类福利：评估框架》[J]．地球科学进展，2004，19(4)：650-657.

[29] 赵小汛．基于土地利用覆被的生态服务价值评估体系述评[C].2013全国土地资源开发利用与生态文明建设学术研讨会论文集，2013.

[30] 智颖飙．宁夏资源环境绩效及其变动态势[J]．生态学报，2009，29(12)：6490-6498.

[31] 智颖飙．新疆资源环境绩效研究[J]．中国人口、资源与环境，2009，19(04)：61-65.

[32] 中国社会科学院城市发展与环境研究所．重构中国低碳城市评价指标体系：方法学研究与应用指南[M]．北京：社会科学文献出版社，2013.

[33] 朱锡平，陈英．生态城市规划建设与中国城市发展[J]．财经政法资讯，2007(02).

[34] Costanza R，Darge R，De Groot R，et al. The value of the world's ecosystem services and natural capital[J]. Nature，1997，387(6630)：253-260.

[35] Daly H. Beyond growth：the economics of sustainable development[M]. MJ Boston，Beacon Press，1996.

[36] De Groot RS，Wilson MA，Boumans RMJ. A typology for the classification，description and valuation of ecosystem functions，goods and services[J]. Ecological Economics，2002，41：393-408.

[37] Freeman AM III. The Measurement of Environmental and Resources Values：Theory and Methods[J]. Washing D C：Resource for the Future，1993：12-18.

[38] Pearce DW. Blueprint 4：Capturing Global Environmental Value[M]. London：Earthscan，1995.

[39] United Nations Environmental Program. Millennium Ecosystem Assessment Ecosystems and Human Well-Being：Synthesis. Washington，DC.：Island Press，2005.

[40] Wallace KJ. Classification of ecosystem services：Problems and solutions[J]. Biological Conservation，2007，139(3/4)：235-246.